广西 K326 烟草生产技术研究

王 杰 贾海江 谢昆或 袁秋亮 ◎ 主编

中国农业科学技术出版社

图书在版编目（CIP）数据

广西 K326 烟草生产技术研究 / 王杰等主编． -- 北京：中国农业科学技术出版社，2024.11． -- ISBN 978-7-5116-7183-7

Ⅰ．TS45

中国国家版本馆 CIP 数据核字第 2024JB9108 号

责任编辑	周　朋
责任校对	王　彦
责任印制	姜义伟　王思文

出 版 者	中国农业科学技术出版社
	北京市中关村南大街 12 号　　邮编：100081
电　　话	（010）82103898（出版中心）　（010）82106624（发行部）
	（010）82109709（读者服务部）
网　　址	https://castp.caas.cn
经 销 者	各地新华书店
印 刷 者	北京建宏印刷有限公司
开　　本	185mm×260mm　1/16
印　　张	9
字　　数	190 千字
版　　次	2024 年 11 月第 1 版　2024 年 11 月第 1 次印刷
定　　价	98.00 元

版权所有·翻印必究

《广西 K326 烟草生产技术研究》编委会

主　　编：王　杰　贾海江　谢昆或　袁秋亮

副 主 编：陈明丽　陈　峰　韦建玉　罗建钦　许明忠　罗　刚
　　　　　黄崇峻　农世英　黄　瑾　闫慧峰　卢燕回

参编人员：黄聪光　金亚波　张纪利　吴　峰　冯　佳　冯　慧
　　　　　黄　斌　杨启港　黄正宾　林　玲　徐雪芹　肖光雄
　　　　　李俊霖　黄宝瑞　陆亚春　黄锋林　曾　珍　汤贵吉
　　　　　黄　深　宋战锋　黄经鹏　许文伟　何嘉欧　周文亮
　　　　　袁　维　首安发　石保峰　韦联峰　何明雄　覃文锋
　　　　　武霖通

FOREWORD 前言

广西地处亚热带季风区，降水充沛，气候温暖，是我国重要的烟区之一，在 23.5°N 这条烟叶种植的"黄金走廊"上，具有得天独厚的烟叶种植条件。

要优质高效地生产烟叶，获得良好的经济效益，首先要了解烟草种植的关键生产技术，这直接关系到烟草的生长及其后期收获产量和质量，因此在烟草生产过程中必须做好全面的规划。编者多年从事烟草生产中的育苗、栽培、病虫害绿色防控等关键工作，最深的体会就是：从移栽、施肥、病虫害防控到成熟期采收、烘烤、烟叶保管，科学的手段是烟叶高质量生产的基本保障。为此，编者在开展烟叶生产工作的基础上，编写了《广西K326烟草生产技术研究》一书。

全书分"广西K326烟草生产技术"和"广西K326烟草生产技术研究论文集"两大部分。"广西K326烟草生产技术"共9章，分别为广西植烟区基本情况、广西K326标准、烟田种植制度、烤烟品种、培育壮苗、大田管理、病虫害防控技术、采收烘烤、烟叶分级加工；"广西K326烟草生产技术研究论文集"包含烟草品种生理特性和遗传分析、土壤养分适宜性分析、科学施肥与用药、精细化烘烤等研究内容，贯穿烟草整个生产过程。书中以彩色图片配合文字说明的方式详细介绍了烟草各生育期的生产技术，图文并茂、通俗易懂、参考性强，可供广大烟农、基层技术人员和从事烟草生产的科技工作者借鉴使用。

本书在编写过程中，得到广西中烟工业有限责任公司、中国烟草总公司广西壮族自治区公司、广西壮族自治区烟草公司百色市公司、广西壮族自治区烟草公司贺州市公司、广西壮族自治区烟草公司河池市公司、中国农业科学院烟草研究所相关专家的配合，在此谨向他们表示诚挚的谢意！

烟草生产技术研究涉及领域广泛，由于时间仓促，加之编者水平有限，本书难免有不妥之处，恳请广大读者批评指正。

编　者

2024年11月于青岛

CONTENTS 目录

第一部分　广西 K326 烟草生产技术

第一章　广西植烟区基本情况 ·· 3
　　一、广西植烟区自然地理条件 ··· 3
　　二、广西烟区地力状况 ··· 8

第二章　广西 K326 标准 ··· 12
　　一、市场需求目标与烟叶质量要求 ··· 12
　　二、生长发育规律 ··· 14

第三章　烟田种植制度 ··· 16

第四章　烤烟品种 ·· 18
　　一、K326 ·· 18
　　二、PYK326 新品系 ·· 20
　　三、高蔗糖酯 K326 定向改良新品系 ······································ 21

第五章　培育壮苗 ·· 22
　　一、育苗方式 ··· 22
　　二、育苗时间 ··· 22
　　三、育苗管理 ··· 23
　　四、烟苗管理 ··· 25

第六章　大田管理 ·· 29
　　一、田块选择 ··· 29
　　二、深耕深翻 ··· 30
　　三、平衡施肥 ··· 30
　　四、起垄盖膜待栽 ··· 33
　　五、移栽 ··· 34
　　六、及时查苗补苗 ··· 36
　　七、小培土 ··· 36

八、加强水分管理 ·· 36
　　九、适时揭膜培土 ·· 37
　　十、适时封顶、合理留叶 ·· 37
　　十一、不适用烟叶处理 ·· 39
　　十二、外源重金属控制 ·· 39

第七章　病虫害防控技术 ·· 40
　　一、防控对象 ·· 40
　　二、防控理念 ·· 40
　　三、防控原则 ·· 40
　　四、主要病虫害类型、发生关键期及防治方法 ·························· 41

第八章　采收烘烤 ·· 48
　　一、成熟烟叶采收 ·· 48
　　二、分类编烟与排队装炉 ·· 51
　　三、烤烟精细化密集烘烤基本工艺 ···································· 52

第九章　烟叶分级加工 ·· 57
　　一、烟叶初分 ·· 57
　　二、烟叶预检 ·· 58
　　三、烟叶交售 ·· 58

第二部分　广西 K326 烟草生产技术研究论文集

烤烟专用有机–无机复混肥对烟草生长的影响 ································ 61

3 种不同烟草抑芽剂的田间抑芽效果研究 ·································· 71

广西贺州 K326 植烟区土壤养分状况调查及适宜性分析 ······················ 79

烤烟专用有机无机复混肥对贺州旱地 K326 烟叶品质的影响 ·················· 92

不同烟区 K326 烟叶外观质量及感官质量对比分析 ·························· 103

集中落黄烤烟新品系的生理特征和遗传分析 ································ 111

施氮量对贺州市烤烟 K326 生长、产量及质量的影响 ························ 122

精细化烘烤技术在 K326 品种中部烟叶烘烤中的应用 ························ 131

第一部分

广西 K326 烟草生产技术

第一章
广西植烟区基本情况

一、广西植烟区自然地理条件

1. 地理条件

广西壮族自治区位于中国的南部,北回归线横贯中部,东连广东,东北接湖南,西北靠贵州,西与云南接壤,南临北部湾,与越南交界。行政区域总面积为 23.76 万 km²,约占全国总面积的 2.5%。

2. 地形地貌

广西地形的主要特点为山多平原少,为"八山一水一分田",岩溶地貌广布(图1-1);地势总体为西北高、东南低,四周多山,周高中低,呈现一个不甚完整的盆地。一般认为,丘陵山区自然坡度在15°以下的耕地为宜烟耕地,平地次之,洼地最差。有研究表明,生产优质烤烟的地形条件以山坡地、山麓和丘陵地的坡脚为好。地势高排水好,地下水位低,土壤通透性好,速效钾含量高,烟株通风透光好,百色市、贺州市、河池市是广西烟叶的主要产区,其海拔多为 800~1 100 m。桂东北的贺州市、桂北的桂林市烟区属南岭丘陵,这些地区森林覆盖率较高,裸地少,水土流失轻,生态环境质量优,可见广西主要烟区的地形地貌是符合优质烟叶生产要求的。

图 1-1 广西典型地形地貌

3. 气候

广西处于低纬度地区，属亚热带季风气候带，以气温高、热量丰富、夏长冬短、雨量充沛、夏湿冬干为特色，尤具雨热同季的优势，这种独特的气候类型为发展热带、亚热带特色的农业（如烟草）提供了得天独厚的条件。

（1）热量

烟草对温度的适应性很广泛，属喜温作物，在8～38℃的范围内均能生长，最适宜温度为25～28℃。烟草对温度条件的要求是前期较低、后期较高。如果后期昼夜温差小，则可降低同化物质向根、茎、花、果等器官转移速度，在叶里积累更多的光合产物，有利于提高烟叶的品质。

在广西的主要烟区，大田生长的前期气温稍低，有利于烟苗慢长，中后期气温较高则有利于烟株旺长和烟叶成熟。广西烟叶生产期间（3—8月）的月均气温在24℃左右，>10℃的初日在2月下旬至3月中旬，>10℃的积温为6 152～6 578℃，高于云南玉溪、文山和贵州遵义等优质烟区，说明广西的气温完全能满足优质烟叶生产的要求（表1-1）。

表1-1　广西主要烟区与国内其他部分优质烟区温度　　　　　单位：℃

地点	月平均气温							>10℃气温	
	3月	4月	5月	6月	7月	8月	3—8月平均	初日（月/日）	积温
云南玉溪	16.7	19.1	21.2	21.9	21.8	21.8	20.4	2/19	5 372
云南文山	18.1	20.5	22.7	23.8	23.7	23.7	22.1	2/16	5 678
贵州遵义	12.8	15.8	19.3	22.7	26.0	26.0	20.4	3/27	5 496
广西河池	18.0	21.3	24.5	27.7	29.6	29.6	25.1	2/22	6 152
广西贺州	17.6	20.5	24.1	27.7	29.8	29.8	24.9	3/12	6 232
广西百色	21.2	24.4	27.2	29.1	30.3	30.2	27.1	3/15	6 578

（2）日照

烟草是喜光作物，阳光充足而不强烈是生产优质烟叶的必要条件。烟草大田生育期日照时数要求为530～640 h，日照百分率在40%左右。尤其在烟叶成熟期，日照百分率在40%左右，有利于提高烟叶品质。

广西主要烟区在烟叶生产期间（3—8月）的日照时数均大于830 h，多数介于贵州遵义与云南玉溪、文山等优质烟区之间，日照条件完全可以满足优质烟叶生长的要求（表1-2）。

表1-2　广西主要烟区与国内其他部分优质烟区日照时数　　　　　　　　单位：h

地点	3月	4月	5月	6月	7月	8月	3—8月合计
云南玉溪	221.1	236.3	205.4	139.6	139.4	137.2	1 079.0
云南文山	86.7	205.9	211.3	160.9	152.9	148.9	966.6
贵州遵义	57.7	101.5	106.1	102.8	201.0	198.7	767.8
广西河池	39.2	112.3	118.1	134.5	219.4	215.3	838.8
广西贺州	95.9	129.5	108.6	118.0	209.9	204.6	866.5
广西百色	96.7	144.1	155.3	139.3	206.6	201.2	943.2

（3）降水

烟草生长需大量的水，但不耐涝，在生长期内对水分的要求有"前、后期少，中期多"的特点。一般情况下，月平均降水量在100～130 mm就可以满足烟草生长的需要，在现蕾至成熟期，土壤水分稍少可提高烟叶品质，过多的水分则易延迟成熟和造成品质下降。

广西地处东亚季风区域，春烤烟大田生长期（3—8月）正遇上多雨的夏季风影响期，基本满足烟株对水分的需要。从表1-3可以看出，广西烟区在烟草大田生长期的降水量大于云南玉溪、文山和贵州遵义的降水量，3—4月的降水量较少，但烟叶生产中后期（6—8月）的月降水量多数在200 mm左右，最高达到327.4 mm，满足生产需要的100～130 mm，明显大于云南玉溪、文山和贵州遵义的降水量。说明广西主要烟区的降水量是充足的。

表1-3　广西主要烟区与国内其他部分优质烟区降水量　　　　　　　　单位：mm

地点	3月	4月	5月	6月	7月	8月	3—8月合计
云南玉溪	11.1	42.7	39.8	163.7	130.0	128.7	516.0
云南文山	7.3	33.7	85.5	161.6	149.6	142.6	580.3
贵州遵义	47.3	78.4	163.7	115.4	132.3	129.9	667.0
广西河池	52.8	114.9	167.7	262.5	161.9	158.8	918.6
广西贺州	100.2	176.0	283.3	327.4	151.0	148.2	1 186.1
广西百色	27.4	29.0	145.1	141.6	115.9	113.9	572.9

4. 土壤

烟草喜砂壤至中壤土，一般黏粒占10%～20%。黏重土壤和砂性过重的土壤均不宜种植烟草。广西耕地以壤土为主，其次是砂壤土及黏壤土，砂土和黏土一共只占 10% 左右。广西主要烟区的土壤多为紫色土、潴育紫砂泥田、潴育杂砂田、潴育黄泥田、砂质黄泥田、红壤和赤红壤等。种植烤烟，土壤的颜色通常以黄色或红色为佳，而在灰色或黑色的土壤上生长的烟叶，其质量往往比较低劣。烟叶喜弱酸或微碱的土壤，最适 pH 为 4.0～8.5，但从生产优质烟叶的要求出发，最适宜的 pH 范围是 5.5～6.5。广西的耕地土壤中，pH 在 5.5～7.5 的约占 65%。以百色为例，全市共有宜烟面积 171 万亩[①]，多为红壤和黄壤，酸碱度为微酸至中性。其中 76.97% 的土壤 pH 处于适宜水平；有机质含量较丰富，平均含量高达 26.65 g/kg，碱解氮含量适宜，速效磷含量较丰富，平均含量 22.48 mg/kg；速效钾含量较适宜，平均含量为 134.75 mg/kg，植烟土壤养分含量总体较为适宜。钟山县回龙烟叶大田如图 1-2 所示。

图 1-2　钟山县回龙烟叶大田

5. 水利资源

广西属于雨源型地区，雨量充沛，境内河流众多，分属四大水系：珠江流域西江水系；长江流域湘江、资江水系；桂南沿海诸河水系；红河流域白都河水系。其中西江水系最大，在广西境内分布最广，主要干流有红水河、黔江、浔江、西江等。西江水系干流的上源为南盘江，发源于云南省马雄山，这些河流顺着地势从西北流向东南，

---

① 1 亩 ≈ 667 m²，1 hm²=15 亩，全书同。

横贯广西中部，总汇于梧州后称西江。西江水系（图1-3）在广西境内流域面积在50 km² 以上的河流有833条，占全区河流总数的80%以上；集雨面积达202 427 km²，占全区土地总面积的85.7%；流域面积23.67万 km²，常年径流量约1 978.10亿 m³。众多的河流为广西带来丰富的水力资源，全区水资源总量为1 831亿 m³，其中农业用水量为196.4亿 m³，占总用水量的68.2%。仅百色就有大中型灌区（图1-4）共10个，设计灌溉面积共57.72万亩：大型灌区1个，灌溉面积32.56万亩；重点中型灌区3个，灌溉面积16.43万亩；一般中型灌区6个，灌溉面积8.73万亩。

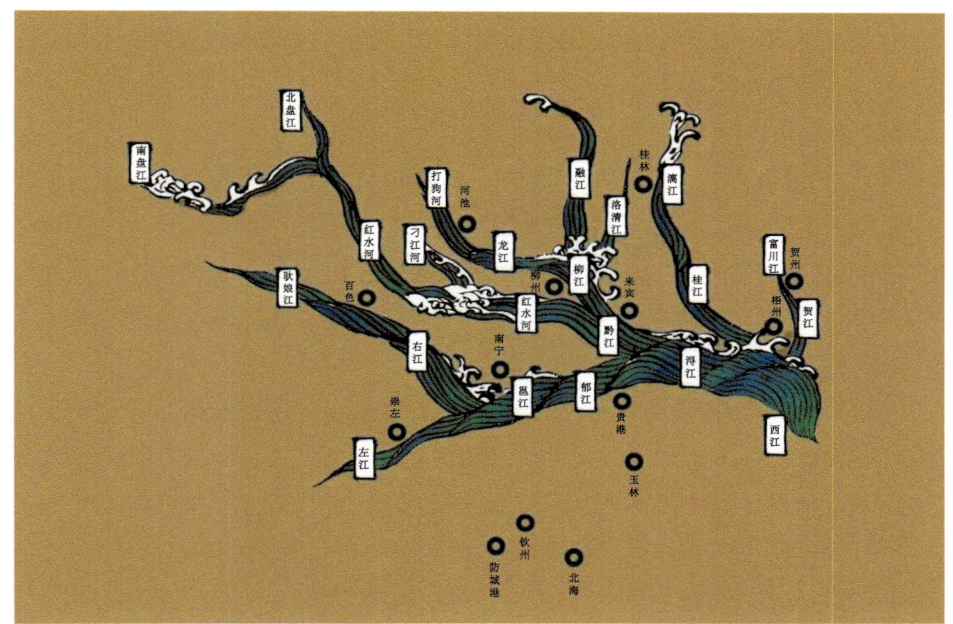

图1-3 呈叶脉状的西江水系

图1-4 百色水库灌区

二、广西烟区地力状况

1. 广西烟区土壤类型

土壤是决定烟叶产量和品质的基本条件。虽然烟草对土壤的要求并不严格，除盐碱土外，在各种农业土壤上均可生长，但是土壤类型不同，所生产的烟叶品质和产量也各不相同。烟草是广西广大农村地区种植的主要经济作物之一，随着国家烟草专卖局北烟南移战略的实施，近年来在广西有大面积种植的趋势，广西烟区主要集中在百色、贺州、河池三市，植烟的土壤主要是赤红壤、红壤，黄棕壤、紫色土、石灰岩土，以及潴育性、淹育性水稻土。

（1）水稻土

水稻土是广西最多的耕作土壤，遍布全区各地，共有164.72万hm^2，占耕作土壤的64.21%。水稻土起源于各种母质和土壤，在人们长期种植水稻条件下，母质受人为活动和自然因素的双重影响，经过水耕熟化和氧化还原过程而形成。广西水稻土主要分布在江河冲积阶地、平原和三角洲，以及盆地、山间谷地、滨海滩地等处。水稻土主要分为淹育、潴育、潜育和咸酸4种。

植烟水稻土是在水稻田上种植烟草，实行水旱轮作、早烟晚稻。种植烤烟的水稻土主要有潴育性、淹育性水稻土的砂质黄泥田、砂泥田、（育）棕泥田、（潴育）杂砂田、（潴育）紫（砂）泥田等土种。这些土壤多含有半风化的砂页岩、花岗岩、紫色岩的碎屑、石砾，上砂下黏，耕性良好，通透性强，土壤热容量和比热小，吸热散热快。养分含量以潴育砂泥田为例：耕层有机质含量3.07%、全氮0.164%、全磷（P_2O_5）0.024%、全钾（K_2O）1.20%、速效钾66.9 mg/kg、速效磷17.1 mg/kg、阳离子交换量（cation exchange capacity，CEC）4.66 cmol/kg、pH 4.7、Ca^{2+} 2.29 cmol/kg、Mg^{2+} 0.35 cmol/kg、Cl^- 54.8 mg/kg。

（2）赤红壤

赤红壤是广西南亚热带地区的代表性土壤，大致分布在海拔350 m以下的平原、低丘、台地，全区有485.11万hm^2，其中旱地26.72万hm^2，占全区旱地面积的29.30%，占该类土壤面积的5.51%。其土地多为林、荒草地，土地开发利用潜力大。成土母质有花岗岩、砂页岩风化物及第四纪红土，土层多在1 m以上，土体呈红色，酸度高，pH为4.0～5.5，盐基饱和度多在40%以下，有机质含量1.5%～2.0%，全氮（N）0.050%～0.100%，全磷（P_2O_5）多在0.25%左右，钾素含量因母质和耕作水平不同而差异很大。

（3）红壤

红壤是中亚热带地带性土壤，有显著的脱硅富铝化成土特征，广西全区有564.24

万 hm^2，除钦州、北海、防城港三市外，其他市均有分布。红壤中有耕地 20.95 万 hm^2，占全区旱地面积的 22.98%，占此类面积的 3.71%。成土母质有花岗岩、砂页岩风化物及第四纪红土。一般土层比较深厚，呈红色，酸性至强酸性反应，pH 为 4.0~6.0，有机质含量随植被情况而异，但积累比赤红壤和砖红壤都高。红壤地区水、热条件优越，植烟的红壤主要有红泥土、杂砂泥土和红壤土，土壤养分含量协调，钾素含量较高，有利于烟草生长和烟叶质量的提高。

（4）黄棕壤

黄棕壤是中亚热带山地垂直分布的土壤，广西全区共有 8.08 万 hm^2。成土母质有砂页岩及花岗岩，具有较弱的富铝化成土特征。土壤呈酸性反应，盐基不饱和。整个土体均以棕色为主，土壤疏松肥沃。黄棕壤分布的海拔比红壤、赤红壤的高，冬暖夏凉，多露雾，植烟的土种是黄泥土和砂质黄泥土，质地为壤质土，土色红黄兼有，pH 5.0 左右，土层较疏松，有机质、全氮含量比红壤、赤红壤高，全磷（P_2O_5）0.060% 左右，全钾（K_2O）>1.5%，其他微量元素含量也相当丰富。

（5）石灰岩土

石灰岩土是在亚热带的生物条件下，由泥盆纪、石炭纪、三叠纪的石灰岩风化物发育而成的土壤，广西全区共有 81.86 万 hm^2，其中耕作土壤 20.41 万 hm^2，占旱地总面积的 22.26%。它是广西烟区主要植烟土壤之一，也是优质烟生产的主要土壤类型。植烟的石灰岩土有棕泥土、含砂棕泥土和砾质棕泥土，质地为砂壤土至黏壤土，土层较厚且疏松，多含有石砾、砂页岩等母岩碎屑，以及云母、长石等的花岗岩半风化、未风化物。耕层有机质、全钾、速效钾含量中等偏高，全氮、全磷含量适中。

（6）紫色土

紫色土是由紫色岩发育的土壤，是母质特征明显而成土过程标志不十分明显的初育土。主要分布在桂东南、桂南、桂东北和右江南岸及南宁盆地等有紫色岩分布的地区。广西全区有紫色土 88.48 万 hm^2，其中，林荒地 85.31 万 hm^2、旱地 3.17 万 hm^2。紫色土是优质烟生产的常见土壤，呈紫色、红紫色、棕紫色或暗紫色，土层较薄，矿质养分一般比较丰富，肥力较好。紫色土土体浅薄，最深约 2 m，土壤质地变幅很宽，质地为砂壤土至黏土，但以壤土为主，耕层为核状或核粒状结构，疏松，底层较上层黏重，为块状或棱状结构。土壤反应从强酸至石灰性均有，以酸性为主。紫色土一般分布在低丘缓坡，抗蚀性不强，土层浅薄，蓄水量少，渗透性小，易引起严重的土壤侵蚀。紫色土缺乏有机质，保水性差，故农作物经常受旱。耕层 pH 为 4.5~8.0，有机质 0.72%~2.40%、全氮 0.055%~0.084%、全磷 0.050%~0.087%、全钾 0.50%~2.40%（多在 1.00% 以上）、速效磷 1.5~3.0 mg/kg、速效钾 55.0~185.0 mg/kg，钙镁含量丰富，微量元素铜、锌、钼含量较高。

2. 广西植烟土壤特征分析

（1）土壤质地

土壤质地对烟草生长发育和烟叶产量品质具有重要的影响。研究表明，烟碱含量与土壤粗粉粒的含量呈显著正相关，而与细粉粒含量呈显著负相关。广西植烟土壤质地从砂壤土至重壤土，以中壤土、砂壤土较多；土壤含砂粒、砾石及母岩碎屑多，最多可达30%以上，如砾质棕泥土。广西烟区土壤质地基本符合优质烟生产要求，有的质地虽然较黏重，但因含有较多砾石，加上结构良好，通透性强，仍满足烟草生长要求（图1-5）。

图1-5 烟田土壤剖面和烟株生长情况

（2）土壤养分

土壤有机质、全氮含量高，有效氮供应充足，往往有利于烟株的旺盛生长和烟叶较高产量的形成，但烟叶中的全氮、蛋白质和烟碱含量往往偏高。研究表明，土壤碱解氮含量随土壤有机质含量的提高而增加，烟叶中氮素和烟碱含量亦随之而呈上升趋势。土壤中磷、钾含量丰富有利于烟叶碳水化合物的积累。只有当土壤氮、磷、钾等供应协调时，才能生产出优质烟叶。

烟草对养分的要求也因气候、地理等生态条件而异。一般认为，适宜优质烤烟生长的土壤全氮含量为0.076%～0.168%，速效性氮含量为45～135 mg/kg，全磷含量为0.61～1.83 g/kg，速效磷含量为10～35 mg/kg，土壤速效钾含量为120～200 mg/kg。广西植烟季节多雨，对土壤有机质和碱解氮含量的要求较高，有机质、碱解氮和钾含量符合优质烟叶生产要求范围，而土壤全氮、全磷和速效磷含量不能完全满足优质烟叶生产的需求，应注意增施肥料，平衡土壤供肥状况。

（3）土壤 pH

烟草在土壤 pH 4.5～8.5 的范围内均能生长，但从优质烟生产的角度来讲，最适宜应为 pH 5.5～7.0 的弱酸至中性土壤。调查表明，广西烟区土壤的 pH 多数在 5.5～7.0，在 0～20 cm 土层为 4.07～7.65，在 20～50 cm 土层为 4.7～7.8，这和我国优质烟区土壤 pH 相一致。但是个别地区的潴育砂泥田 pH 偏低、酸性强，代换性铝、锰离子含量较高，容易引起铝害、锰害等烟叶中毒变灰现象，可使用碱性肥料或施入石灰改变酸度，以利于烟草生长。

（4）土壤镁、钙及微量元素含量

镁是叶绿素组成部分，镁对烟叶燃烧时烟灰的凝结性和色泽有良好的促进作用，烟草吸收镁的数量与磷相近，广西烟区以含砂棕泥土、潴育紫泥田、潴育棕泥田含镁量较高，以砂土田、红壤土含量较低，有关数据表明，广西烟叶属于轻度缺镁型烟叶，因此，应通过增施镁肥予以补充。

广西烟区土壤中代换性钙含量较丰富，尤其是石灰岩土，但红壤土中钙含量稍低，应施入予以补充。硼、锌、铜、锰等微量元素在烟草中的含量甚微，但它们都是烟草生长发育的必需营养元素。一般烟叶含活性锰 42.8～157.1 mg/kg、铜 7.5～21.25 mg/kg。广西烟区土壤含锰丰富，尤其是 pH<5.4 的土壤，应适当施用石灰来提高土壤 pH 或开沟排水，以减少烟叶对锰的吸收；土壤中铜元素含量中等偏高；锌、硼含量轻度缺失，可以施用含有硼锌的多元微量元素复合肥。

第二章

广西 K326 标准

一、市场需求目标与烟叶质量要求

卷烟工业对原料的基本需求可概括为：风格特色彰显的中部上等烟，烟叶等级纯度高，化学成分协调，烟叶安全性高，质量稳定。

1. 外观质量

叶片成熟度好，烟叶颜色金黄—橘黄，叶面与叶背颜色相近，叶尖部与叶基部色泽基本相似，叶面组织细致，叶片结构疏松、弹性好，叶片柔软，身份适中，色度强至浓，光泽强，油分有至多。

2. 物理特性

烟叶主要物理特性指标有叶质量、平衡含水率、阴燃时间、柔软度等，见表 2-1。

表 2-1 烟叶主要物理特性及要求

部位	叶质量 /（mg/cm²）	平衡含水率 /%	阴燃时间 /s	柔软度 /mN
B	16.10 ± 2.13a	15.85 ± 0.04b	10.62 ± 0.39ab	66.90 ± 5.14ab
C	16.10 ± 2.13a	15.85 ± 0.04b	10.62 ± 0.39ab	66.90 ± 5.14ab
X	16.46 ± 0.83a	15.81 ± 0.02b	11.78 ± 1.02a	89.80 ± 9.36a

注：B，上部叶；C，中部叶；X，下部叶。同列不同小写字母表示差异显著（$P<0.05$）。

3. 化学成分

烟叶化学成分指标主要包括总糖、还原糖、总氮、钾、氯含量，以及糖碱比、氮碱比、钾氯比等（表 2-2），并且要求烟叶质量年度间稳定。

表 2-2　烟叶主要化学成分指标及要求

部位	总糖 /%	还原糖 /%	总氮 /%	钾 /%	氯 /%	糖碱比	氮碱比	钾氯比
B	26.18 ± 0.5	22.53 ± 0.6	2.52 ± 1.1	1.91 ± 0.3	0.36 ± 0.2	7.97 ± 2.5	0.75 ± 0.1	5.58 ± 1.9
C	28.76 ± 0.4	25.76 ± 0.8	2.18 ± 0.6	1.87 ± 0.5	0.33 ± 0.3	10.49 ± 4.0	0.73 ± 0.3	5.99 ± 1.7
X	23.16 ± 0.3	19.77 ± 0.5	1.93 ± 0.6	1.97 ± 0.2	0.37 ± 0.1	10.43 ± 4.0	0.85 ± 0.2	6.01 ± 1.2

注：B，上部叶；C，中部叶；X，下部叶。

4. 感官质量

C2F 等级烟叶具有较典型的中偏浓香型特征，香气风格突出，香气纯正。具体要求为：香气质较好，香气量较充足，杂气少，刺激性小，甜度适中，余味较干净、较舒适（表 2-3）。

表 2-3　C2F 等级烟叶感官质量指标及要求

香型	香气质	香气量	杂气	刺激性	甜度	余味
中偏浓	较好	较充足	少	小	适中	较干净、较舒适

5. 安全性要求

推广应用高效低毒农药，规避土壤重金属背景值高的区域种植，提高烟叶安全性。严格执行国家烟草专卖局 123 种烟叶农药最大残留限量标准，重点指标限量标准见表 2-4。

表 2-4　烟叶安全性评价重点指标限量标准　　　　　　　　　　　　　　单位：mg/kg

序号	类别	中文通用名	英文名称及缩写	指标
1	有机氯杀虫剂	六六六 [a]	benzenehexachloride, BHC	≤ 0.07
2		滴滴涕 [b]	dichlorodiphenyltrichloroethane, DDT	≤ 0.2
3	有机磷杀虫剂	甲胺磷	methamidophos	≤ 1.0
4		对硫磷	parathion	≤ 0.1
5		甲基对硫磷	parathion-methyl	≤ 0.1
6	氨基甲酸酯杀虫剂	涕灭威	aldicarb	≤ 0.5
7		克百威	carbofuran	≤ 0.1
8		灭多威	methomyl	≤ 1.0
9	拟除虫菊酯杀虫剂	氯氟氰菊酯	cyhalothrin	≤ 0.5
10		氯氰菊酯	cypermethrin	≤ 1.0
11		氰戊菊酯	fenvalerate	≤ 1.0
12		溴氰菊酯	deltamethrin	≤ 1.0
13	烟酰亚胺杀虫剂	吡虫啉	imidacloprid	≤ 5.0

续表

序号	类别	中文通用名	英文名称及缩写	指标
14	除草剂	双苯酰草胺	diphenamide	≤0.25
15		异丙甲草胺	metolachlor	≤0.1
16		敌草胺	napropamide	≤0.1
17	杀菌剂	甲霜灵	metalaxyl	≤2.0
18		菌核净	dimethachlon	≤5.0
19		二硫代氨基甲酸酯[c]	dithiocarbamates	≤5.0
20		多菌灵[d]	carbendazim	≤2.0
21		甲基硫菌灵[d]	thiophanate-methyl	≤2.0
22		三唑酮[e]	triadimefon	≤5.0
23		三唑醇[e]	triadimenol	≤5.0
24	抑芽剂	二甲戊灵	pendimethalin	≤5.0
25		仲丁灵	butralin	≤5.0
26		氟节胺	flumetralin	≤5.0
27	重金属	砷（As）	arsenic	≤0.5
28		铅（Pb）	lead	≤5.0
29		镉（Cd）	cadmium	≤5.0
30		汞（Hg）	mercury	≤0.1
31	转基因		无任何可检测到的转基因成分	

[a] 六六六的检测结果以总量计。
[b] 滴滴涕的检测结果以总量计。
[c] 二硫代氨基甲酸酯的检测结果以 CS_2 计。
[d] 多菌灵、甲基硫菌灵，以多菌灵计。
[e] 三唑酮、三唑醇，以三唑酮计。

6. 烟叶调拨要求

工商交接等级合格率≥80%，烟叶本部位正组率大于90%。烟叶水分符合国家标准要求，无压油、无霉变、无虫。

二、生长发育规律

1. 出叶速度及叶片生长速度

常规施肥水平条件下，K326全生育期共出叶35.73片，平均日增量0.54片，即2 d长1片叶；现蕾前后5 d几乎同时出现3～5片叶；叶片平均每天长1.10 cm，叶片发生初期生长速度快，接近定长时趋缓，在生长最快期间每天增加2.61 cm（表2-5）。

表2-5　常规施肥水平条件下K326叶片生长发育表现

栽后时间/d	叶片数/片	日增量/片	叶片长度/cm	日增量/cm
30	17.33		3.65	
35	18.67	0.34	9.87	1.56
40	20.07	0.28	22.41	2.51
45	24.13	0.81	35.45	2.61
50	25.73	0.32	40.41	0.99
55	28.87	0.63	41.91	0.30
60	32.13	0.65	44.05	0.43
65	35.73	0.72	46.34	0.46
70			46.11	−0.05
平均		0.54		1.10

2. 不同部位叶片生长发育表现

K326大田期烟株缓苗后即开始萌发新的叶子；K326全生育期共黄萎脱落10片叶，其中苗床期4片、大田期6片，第1片可采叶位是第11叶。常规施肥水平条件下，K326不同部位叶片生长发育表现（表2-6）如下。

下部叶（15片真叶）移栽后27 d左右发生，至成熟时叶龄为50 d。其中，发生至定长为37 d，占整片叶龄的74%，此期主要是细胞分裂伸长生长；定长至成熟13 d，此期主要是叶片干物质积累。

中部叶（20片真叶）移栽后37 d左右发生，至成熟时叶龄52 d。其中，发生至定长为37 d，占整片叶龄的71.15%；定长至成熟15 d，比下部叶增加2 d。

上部叶（25片真叶）移栽后45 d左右发生，至成熟时叶龄54 d。其中，发生至定长为35 d，占整片叶龄的64.81%；定长至成熟19 d，比中部叶增加4 d。

表2-6　常规施肥水平条件下K326不同部位叶片生长发育表现

部位	有效叶/片	叶片发生		叶片定长			叶片成熟			叶龄/d
		日期（月/日）	移栽后/d	日期（月/日）	移栽后/d	出叶后/d	日期（月/日）	出叶后/d	定长后/d	
下部	5	3/13	27	4/20	64	37	5/2	50	13	50
中部	10	3/23	37	4/30	74	37	5/14	52	15	52
上部	15	3/31	45	5/6	80	35	5/24	54	19	54

注：移栽日期为2月16日。

第三章

烟田种植制度

烟草是一种忌连作作物。连作会加重病虫害发生程度，以及烟田有害物质的逐年积累。连作还会造成土壤板结、土壤养分失调，抑制土壤生物化学过程，影响烟株正常生长发育，造成产量和质量的降低。

烟草的轮作周期是指在同一地块上从当年种植烟草到下一次再种植烟草的间隔年限，如三年轮作（一年种植烟草，两年种植替代作物）、两年轮作（2季烟草之间种1季或2季替代作物）等。轮作换茬的作用主要在于尽可能长时间地消除烟草病原体及其寄主植物，协调、改善和合理利用茬口，协调不同茬口土壤养分等供应，改善土壤理化性状，调节土壤肥力，利用农业资源经济有效地提高作物产量，因此轮作周期越长效果越好。同时，轮作要以烟叶质量为唯一标准确立3个必须要调整的情况：一是烟叶内在化学成分关键指标不达标的必须调整，二是土壤质地不符合优质烟生产标准的必须调整（包括水源水质不达标、病害发生较重的烟田），三是连作时间超过3年的必须调整。

根据广西烟区独特的地形情况，建议推行水旱轮作技术和山地轮作技术相结合。首先是水旱轮作技术，即烤烟—水稻—绿肥（或蚕豆）1年3熟复种轮作制，2季烟之间种2季替代作物，期限拉长，对改善土壤团粒结构、提高肥力和肥效有特殊意义。其次是山地轮作技术，山地烟要杜绝连作，推行隔年轮作，轮作方式可选用下列3种方式之一：1年1熟轮作——第1年种玉米或大豆，第2年种烤烟；2年4熟轮作——第1年种烤烟，然后种小麦或油菜，第2年种玉米，然后种蚕豆；3年6熟轮作——第1年种烤烟，然后种油菜或绿肥，第2年种玉米，然后种麦类或蚕豆，第3年种玉米或甘薯，然后种豆类或杂粮。

烟稻轮作种植模式（图3-1）在福建、湖南、广东等南方地区已经得到大范围的推广。现代烟稻轮作模式是在传统模式的基础上，经过试验示范和实践而形成的新型农业模式。这种模式简单易行，省工省时，节支增收，绿色环保。烟稻轮作在时间和季节上正好无缝衔接，能够有效解决烟粮争地的矛盾，而且烟稻轮作能够平衡土壤中的营养元素，减少病虫害的发生，从而提高农作物的产量和质量，大大减少了农药化肥的使用，有助于环境保护，还降低了农业生产成本，更有利于促进农业增效、农民增收，实现烟叶可持续发展，保证烟粮双丰收，具有十分重要的生态效益。

图 3-1　烟稻轮作

第四章

烤烟品种

一、K326

1. 植物学特性

K326 烟株见图 4-1。株型呈腰鼓或腰鼓偏塔形；打顶后株高 100~120 cm（略低于云烟 87）；节距 4~5 cm（比云烟 87 稍密），下密上疏；茎围 9~10 cm；叶数 22~24 片（比云烟 87 多 1~2 片），可采叶 17~18 片；下部叶长 65 cm 左右，中部叶长 75 cm 左右，上部叶长 65 cm 左右；下部叶宽椭圆形，中部叶长椭圆形，上部叶长窄形（比云烟 87 窄）；单叶重 9~10 g（烤后平均）；叶呈绿色，叶尖渐尖，叶缘波浪状，叶面皱易起泡，叶耳小（或无），主脉较细，叶片厚度中等（比云烟 87 稍厚），叶肉组织细致，茎叶角度大，分层落黄明显，成熟特征较好。

2. 生育期

苗期 65~70 d，移栽至打顶 60~65 d，成熟期 65~70 d，大田生育期 125~135 d（比云烟 87 长 7~10 d）。

3. 温光特性

相比云烟 87 而言，K326 品种对低温比较敏感，低温胁迫易早花，造成株型偏矮偏小，主茎叶数减少，顶部烟叶狭窄，部分中部叶变窄变厚呈"上部化"，茎叶夹角增大至下披，腋芽生长强势；耐高温性能稍欠，容易出现高温灼伤。

4. 水肥特性

对水肥均较敏感。喜偏肥，怕瘠薄，对钾素敏感，容易缺钾。大田前期生长较慢，

K326叶型

K326花序

K326株型

图 4-1　K326 烟株

需肥较少；中后期生长较快、需肥较多。圆顶前易脱肥，圆顶后易营养过剩，雨后返青易贪青晚熟。喜湿润、怕干旱，需水多、怕涝渍。干旱会严重抑制叶片生长，特别是团棵后期干旱影响最大，易引起早花，其次是旺长期和圆顶期，易影响拔节和开片。涝渍会影响根系活力和抗逆能力，使烟株易感花叶病和叶斑病。

5. 抗病性

中抗黑胫病、青枯病、南方根结线虫病，易感病毒病、野火病、赤星病和气候斑点病、靶斑病等叶部病害。大田前期注意防治病毒类病害，大田后期注意防治赤星病，水灾之后注意防治根茎类病害和叶斑类病害。

6. 经济指标

优化烟叶结构后，收购中上等烟 140 kg/亩以上，上等烟比例 65% 以上，亩产值（不含补贴）4 000 元以上。

7. 质量指标

外观质量：烤后叶片成熟充分，组织疏松，颜色橘黄、金黄，色泽均匀鲜亮，油分充足，弹性好。

内在质量：香气质好，香气量足，余味舒适，劲头适中，刺激性小，杂气少，燃烧性强。

安全性：烟叶农残和重金属含量符合国家标准要求。

非烟物质控制：推行 GAP 管理，在生产收购环节严格控制非烟杂物混入烟叶，禁止使用橡皮筋、塑料绳等一类非烟物质进行编竿、捆绑烟叶。

二、PYK326 新品系

PYK326 新品系（图 4-2），即低苯并芘 K326，是以定向改良主栽烤烟品种 K326 的烟气苯并芘释放量为育种目标，以 K326 为母本、低苯并芘烟草突变体为父本，经过杂交、连续 5 代回交，利用与低苯并芘性状紧密连锁的分子标记辅助选择，结合常规育种，育成的低烟气苯并芘释放量改良的 K326 新品系。中国农业科学院烟草研究所保存的烟草集中落黄突变体（PY），在打顶前呈现正常绿色，进入成熟期后植株表现为集中落黄。PYK326 新品系田间长势长相、主要植物学性状和农艺性状、主要经济性状

株型

叶型

花序

图 4-2　PYK326 新品系

与对照 K326 无明显差异；抗病性鉴定结果显示，PYK326 对病毒病（TMV、CMV 和 PVY）、青枯病、黑胫病的抗性与对照 K326 基本一致；工业评价结果显示，PYK326 烟叶物理特性、化学成分与对照 K326 相当；PYK326 烟叶感官质量和对照 K326 相当。PYK326 烤后烟叶中茄尼醇含量降低 50%，烟气苯并芘含量降低 20%。遗传背景检测结果显示，与对照 K326 相比，PYK326 遗传背景回复率为 99.1%。PYK326 的培育，显著降低了原 K326 茄尼醇含量和烟气苯并芘含量，保持了 K326 其他主要性状不变，同时集中成熟，减少了采收次数，改善了烘烤特性，实现了预期育种目标。PYK326 适宜于我国 K326 主栽区种植，配套栽培及调制技术可参考 K326。

三、高蔗糖酯 K326 定向改良新品系

高蔗糖酯 K326 定向改良新品系（图 4-3）由中国农业科学院烟草研究所以定向改良主栽烤烟品种 K326 的品质为育种目标，采用 K326 为母本、雪茄烟 Beinhart1000-1 为父本，经过杂交，连续 5 代回交，利用Ⅲ-Ⅵ类型蔗糖酯（含 β-甲基戊酰基团）合成基因开发的分子标记辅助选择结合常规育种培育而成。

改良品系主要植物学性状和农艺性状、经济性状与对照 K326 无明显差异；烟叶外观质量、物理特性、化学成分与对照 K326 相当；病害抗性与对照 K326 基本一致。增加了Ⅲ-Ⅵ型蔗糖酯，蔗糖酯总含量提高 6.2 倍，甜味、香气质、香气量、烟气细腻圆润感明显提高。

图 4-3 高蔗糖酯 K326 定向改良新品系

第五章 培育壮苗

一、育苗方式

采用大、中棚集约化育苗（图5-1）。育苗方式以漂浮育苗和两段育苗为主。

图5-1 集约化育苗

二、育苗时间

以确保大田生长期130 d以上，倒推移栽时间，再以移栽时间确定育苗下水时间。小苗膜下移栽的按65 d（以苗盘下水时计时）左右推算，大苗膜上移栽的按75 d左右推算，同一区域苗盘集中下水时间应控制在5 d之内。

一般来说,广西烟区 12 月播种,播种至出苗平均为 13 d。以最佳移栽期倒推计算播种期。如此,广西田烟壮苗培育播种期为最佳移栽期倒后 73 d,即为上年 12 月 10—15 日。同一个片区,要 3 d 内播种完毕。要切实做好播种前各项准备工作,育苗各种物资按时发放到位,确保播种顺利进行。

三、育苗管理

1. 苗床卫生

因地制宜选择苗床地,不要在烟田、菜地、烤房旁等病原多的地方育苗;使用过一年以上的育苗盘,在育苗结束后必须清除基质和残留物;有出现病害的育苗盘不得再次使用,育苗盘外观不完整的要及时更换。育苗盘在播种前 7~10 d,必须用 0.1%~0.5% 高锰酸钾、10%~20% 漂白粉或 1%~2% 福尔马林等溶液浸泡消毒,也可用三氯(二氯)异氰尿酸熏蒸消毒。采用浸泡方式的,需浸泡 30 min 取出后覆盖薄膜熏蒸 1~2 d,揭膜清洗后通风晾干即可。采用熏蒸方式的,苗盘应清洗后放入大棚,保持棚内密闭,熏蒸 12 h 以上,开棚通风后方可进入棚内。同时育苗棚、播种机、剪叶机等设施都要严格按规程做好消毒处理;育苗操作要养成良好的卫生操作习惯。育苗工场安全提示如图 5-2 所示。

图 5-2　育苗工场安全提示

2. 播种管理

(1)基质装盘

将基质填满育苗盘的孔穴,先用木板将苗盘轻敲 2 次后把基质刮平,再将苗盘轻蹾 2~3 次,使基质装填均匀、松紧适中,基质装填高度略低于盘面(在 0.5 cm 以内)。

（2）播种

采用播种机械点种。每个育苗孔穴内播1~2粒包衣种子（隔两行单粒播一行双粒），烟种播于苗穴中央，双粒种子的要略有一定距离，以便匀苗。

（3）苗盘入水

育苗池中铺垫衬垫膜，并注入10 cm左右深度的清洁水，静置2 d后检查是否漏水，若漏水，及时更换衬垫膜，确保育苗池不漏水后，再将已经播种完毕的苗盘及早放入营养池。在整个育苗过程，建议保持8~10 cm水深。

（4）喷水裂种

苗盘入水后，当天用喷雾器在盘面喷清水1~2次，使包衣种裂解并更好地接触基质，避免产生螺旋根。第2~3天及时检查，发现有吸水不良的苗盘、干孔现象及时处理，再次喷水直至基质吸透水。

3. 苗床管理

育苗棚应有专人负责管理，每天观测记录营养液量、烟苗长势、病虫害发生、温度变化等情况，发现问题及时处理，并做好过程记录。

（1）水肥管理

育苗池水（营养液）深度以保持8 cm以上为宜。肥料（营养液肥）：一般在烟苗大十字期至猫耳期，播种后40~45 d，施1次肥；剪叶后适量追施第2、第3次肥，一般情况下，营养液氮浓度达到100~150 mg/kg即可，具体可视烟苗长势情况而定。

施肥计算公式如下：

池水容量（m³）＝池长（m）× 池宽（m）× 池水深（m）；

池水量（kg）＝池水容量（m³）× 水密度（kg/m³）；

需氮肥量（g）＝池水量（kg）× 营养液氮浓度（mg/kg）/1000；

施肥量（g）＝需肥量（g）/肥料中氮肥含量（%）。

（2）温湿度管理

管理原则：前期以保温为主，压严棚膜；晴天早晚保温，中午降温；阴天适当通风，加强保温；后期以通风炼苗为主，自然温度管理（图5-3）。

从播种到出苗期间，育苗盘表面的温度保持在25℃左右，有利于出苗，保证出苗整齐一致，阴天、雨天必须将棚膜密封。出苗后，烟苗需进行呼吸作用，须注意育苗棚的通风排湿换气，晚上及雨天、霜冻天气注意密闭保温。

热害防控：晴天中午，若棚内温度高于30℃，应及时打开棚门及棚膜通风降温，先由小到大打开天窗，视棚内温度情况再开边膜，不超过30℃无需开边膜，尽量使棚周边的温度与整个棚的温度一致，确保整个大棚烟苗生长一致，下午棚内温度在25℃时先由大到小关闭天窗直到全部关闭棚门及棚膜。

冻害防控：提前组织宽幅 4 m 左右的薄膜或烟雾剂等防冻备用物品，当有冰冻雨雪及 -2℃的霜冻天气预报时，晚上将薄膜平铺在苗床上，通过棚内覆膜方式防寒，同时注满苗池水位防止苗池结冰。

图 5-3　苗床温湿度控制

从播种到烟苗出齐，棚内相对湿度保持 85% 左右；小十字期，棚内相对湿度保持在 75% 左右；大十字期以后，棚内相对湿度保持在 55%~65%，棚温 28℃时干湿球温度计相差 3~5.5℃；当湿度偏大时，打开棚门及天窗、边膜排湿，增加通风次数或延长通风时间；当湿度偏小时，延长关闭棚门及棚膜时间，减少放风次数。

四、烟苗管理

1. 间苗和定苗

在烟苗第 3 片真叶长出时（苗盘下水后 30~35 d）进行，剔除过大和过小及过多的烟苗，并对缺苗的空穴进行补苗，确保每穴 1 株烟苗。

2. 剪叶

剪叶（图 5-4）应在烟叶表面不带明水时进行，一般应选择在晴天中午后。第 1 次剪叶一般在烟苗刚封盘时进行（即叶片将育苗盘面遮盖，俯视基本不能看到育苗盘面）。第 1 次剪叶的主要作用是"控大促小"，使烟苗生长趋于一致，培育小壮苗。以 162 孔的苗盘为例，第 1 次剪叶约在 4 叶 1 心期，苗盘下水后 50 d 左右。主要采取手工剪叶或手持式锋利小型剪叶机剪叶，剪叶程度要以不伤生长点为限，尽量削剪主要叶片至 3/4 以上，剪叶后苗盘通风透光，空穴清晰可见，烟苗高低一致。第 1 次剪叶后 10 d 左右烟苗长齐并重新封盘，长成小壮苗（茎秆高度达 3~5 cm，孔穴根须长满，烟苗可连同基质一起成方块状拔出），此时的烟苗已适宜膜下或井窖小苗移栽。膜上移栽的烟苗茎秆宜长到 6 cm 左右。第 1 次剪叶长成小壮苗后，根据烟苗长势，之后一般每隔 5～7 d 剪 1 次叶。每次剪叶高度以基本不伤心叶为限，尽量削剪多余叶面积，防止在高温天气形成高脚苗。第 2 次剪叶以机械剪叶为主。整个育苗过程一般剪叶 1～2 次，视天气温度、移栽进度和烟苗长势进行第 3、第 4 次剪叶，移栽前 3 d 不再剪叶。应抢抓移栽有利时机，尽量减少剪叶次数，防止剪叶时病毒病交叉感染。

图 5-4　剪叶

剪叶工具必须消毒（用肥皂水或者 10% 二氧化氯 200 倍稀释液消毒，操作人员应用肥皂水洗手），盘上的碎叶应清理干净，统一集中销毁。剪叶前后要及时喷施病毒抑制剂（宁南霉素 1 200 倍液、24% 混脂·硫酸铜水乳剂 600 倍液等）+0.1% 硫酸锌保护烟苗，防止剪叶时病毒病交叉感染。

3. 炼苗

移栽前实行断肥控水，炼苗时间 3～5 d，以提高漂浮苗的抗旱性（图 5-5）。具体方法为：先排出苗床的肥水，换上无肥清水培养 2～3 d，待烟苗转为淡绿色后，再排出苗床的水，只留距离苗床底部 1～2 cm 深的水量，不要排出所有的水，否则池水干枯有可能会导致烟苗塌倒或部分灼烧状。随着水分缓慢蒸发，基质慢慢干燥，使烟苗适当遭受水分胁迫，一旦烟苗在早上开始萎蔫，就再加一些水来重复这个过程。移栽时烟苗叶为淡绿色。

图 5-5　炼苗

4. 成苗

（1）病毒检测

出棚前，对烟草进行病毒快速检测鉴定。经检测不带病毒的烟苗才能发放到大田移栽，检出阳性的烟苗要及时销毁，不得发放供苗。

（2）带药出棚

发苗前，对烟苗全面喷施 1 次免疫诱抗剂（8% 宁南霉素水剂 +2% 嘧肽霉素水剂或 2% 氨基寡糖素水剂 1 500 倍液）及 58% 甲霜·锰锌可湿性粉剂 400 倍液或 50% 甲基硫菌灵可湿性粉剂 600～800 倍混合液。

5. 壮苗标准

（1）小苗壮苗标准

苗期（自下水时间开始计算）60～65 d，叶数 5～6 片，茎高 3～4 cm，茎粗达 0.35 cm，根系发达，主根粗壮，侧根发达，无螺旋根，能带出所有基质；无病虫害侵染症状；烟苗生长整齐一致，大小均匀，生长势强，一次性成苗率在 95% 以上，壮苗占成苗比例 95% 以上，确保每亩提供壮苗 1 150 株以上。小壮苗适合膜下和井窖式移栽。

（2）大苗壮苗标准

苗期 70～75 d（自下水时间开始计算），叶数 7～8 片，茎高 6 cm 左右，茎粗达 0.4～0.5 cm，叶色绿或浓绿，叶片稍厚，茎秆粗壮、柔韧性强，部分木质化，可绕指，不易折断，根系发达，主根粗壮，侧根发达，无螺旋根，能带出所有基质；无病虫害侵染症状；烟苗生长整齐一致，大小均匀，生长势强，一次性成苗率在 95% 以上，壮苗占成苗比例 95% 以上，确保每亩提供壮苗 1 150 株以上。

6. 病虫害防控

防治病虫害要坚持以预防为主的原则，消除病原，控制发病条件。

（1）苗场地址选择

统一安排育苗基地，集中育苗。苗床地应选地势平坦、背风向阳、排灌方便、水源洁净，距烤房、居住地、蔬菜大棚有一定距离，交通方便且便于管理的地方。

（2）育苗场地消毒

彻底清除育苗棚内外的杂草、杂物，排除淤积在育苗棚室周围的污水，在水沟内撒石灰粉或 5% 的石灰水消毒。育苗前，棚外走道和棚室两侧也同时进行消毒。还要对育苗池、育苗棚进行喷雾消毒（图 5-6），消毒后密封 5～7 d。

（3）旧育苗用具消毒

使用过的苗盘要用洁净水冲洗干净，使盘面及孔穴不残留基质和烟苗残根，然后用 1%～2% 的福尔马林或 0.05%～0.1% 高锰酸钾喷洒或浸泡 20 min 以上（图 5-7）。

消毒后用清水洗，防止药物残留影响发芽。晾干后方可使用。

（4）人工和剪叶工具消毒

人手用肥皂洗净。剪叶工具消毒可采用10%漂白粉稀释液、肥皂水、2%二氧化氯100～150倍稀释液等。每剪完一个大棚之后，剪叶机要进行一次彻底消毒。

（5）覆盖避蚜

苗场用40目以上防虫网覆盖避蚜。

（6）间苗、定苗、剪叶预防

喷1∶1∶150倍波尔多液、20%吗胍·乙酸铜可湿性粉剂500倍液或20%噁霉·稻瘟灵乳油1 500倍液进行预防病害。发现病虫害及时选用化学药剂进行防治。

（7）苗床卫生

禁止闲杂人员进入苗区，禁止在苗区内吸烟。人进入苗棚前，鞋底应用消毒液消毒，手用肥皂及时消毒。残叶病株必须带出育苗区深埋处理。

（8）病株处理

一旦发现病株要及时清除发病盘，隔离发病池，对相关器具进行消毒，其他育苗池也要喷施防治药剂进行预防。

（9）带药下田

移栽前一天喷施防蚜虫、防根部病害药物，带药下田移栽。

图5-6　育苗池、育苗棚消毒

图5-7　旧育苗用具消毒

第六章 大田管理

田间管理目标:围绕"顶无烟花、腰无烟杈、垄无杂草、沟无积水、株无病叶"实施精细化管理;使烟株生长发育健壮、整齐、清秀无病,群体与个体协调一致,产量、质量达到预定目标。

一、田块选择

依据产区实际情况以及 K326 品种特性,按照"一县一品或一站(点)一品""整片推进、相对集中、方便管理、利于收购"原则,认真做好种植区域规划。选择中等偏上肥力、土壤耕层较深、排灌方便、水源充足、前茬适宜的田块(图 6-1)。

图 6-1　田块选择

二、深耕深翻

所有具备条件的烟区地块应在10—12月，使用拖拉机、旋耕机等机械进行压青还田和深耕（图6-2、图6-3），深度要求在20 cm以上，晒垡可熟化土壤，提高土壤肥力。深耕后进行整地（图6-4），使垡面平整，无漏耕墒沟，坚决杜绝旋耕起垄一次性完成和即耕即栽现象发生。

图6-2 烟农利用机械进行压青还田

图6-3 烟农利用机械深耕

图6-4 整地

三、平衡施肥

K326对氮肥敏感，需钾量较大，中等肥力烟田亩施纯氮7.0~7.5 kg，N：P_2O_5：K_2O 为1：1：3.5。为确保产质量达到最优，各产区要根据本产区种植区域土壤肥力情况、气候条件适当调整氮肥用量，切忌"一刀切"。不同肥料混合使用时，要拌匀（图6-5）。

图6-5 拌肥

1. 施肥原则

坚持基肥与追肥结合，适当增加氮肥用量，稳定磷肥用量，增加钾肥用量，补充硼、镁、锌等微肥，100%推广施用腐熟菜籽麸肥、牛粪有机肥、草皮灰，提高有机氮占比。具体施肥方法和施肥用量详见表6-1。

2. 提高烟叶钾素营养

K326品种对钾肥敏感，易出现缺钾症状或隐性缺钾症状，分期并适当推迟追施钾肥可以有效提高烟叶含钾量。根据烟株长势，在烟叶旺长后期或成熟期尚未表现出缺钾症状时用浓度0.5%～1.0%磷酸二氢钾叶面喷施，隔10 d左右喷1次，喷2次以上。

3. 加大追肥量和次数

适当加大追肥用量和追肥次数（不少于3次），提高肥料利用率，确保顶叶开片。

针对K326品种的需肥特性、养分吸收规律和对水肥条件较为敏感的特点，K326品种施肥重点做好"早追肥、水调肥"，氮磷钾平衡协调，促进烟株早生快发，生长发育充分。要求深施基肥，早追肥，做好以水调肥，采取兑水浇施的方式。

针对部分出现缺镁症状的烟田，增加镁肥的施用量，以叶面喷施（图6-6）为主。叶面喷施在团棵后开始使用，浓度0.3%～0.5%，一般喷施1～2次，7～10 d喷施1次，亩使用量0.5～1 kg。

图6-6　叶面施肥

4. 施肥方法

烟草专用复合肥：60%作基肥，40%作追肥。追肥分3次施用。第1次2～3 kg/亩随定根水施入（与硝酸钾同时施用，注意肥水浓度，防止烧苗）；第2次在移栽后7～10 d，追肥5 kg/亩（与硝酸钾同时施用，注意肥水浓度，防止烧苗）；第3

表 6-1 施肥配方

单位：kg/亩

配方 1		配方 2	
肥料名称	用量	肥料名称	用量
硝酸钾（N：K_2O = 13.5：44.5）	10	硝酸钾（N：K_2O = 13.5：44.5）	10
烟草专用复合肥（N：P_2O_5：K_2O = 9：9：26）	40	烟草专用复合肥（N：P_2O_5：K_2O = 9：9：26）	45
硫酸钾（K_2O = 50%）	15	硫酸钾（K_2O = 50%）	15
菜籽麸肥（N：P_2O_5：K_2O = 3：1.5：1.5）	40	菜籽麸肥（N：P_2O_5：K_2O = 3：1.5：1.5）	40
牛粪商品有机肥（干基养分含量 N 2.6%，P_2O_5 2.5%，K_2O 0.4%，水分含量≤30%）	100	工程化商品有机肥（干基养分含量 N 2.6%，P_2O_5 2.5%，K_2O 0.4%，水分含量≤30%）	100
草皮灰	100	草皮灰	100
硼砂	1	硼砂	1
硫酸镁	4	硫酸镁	4
硫酸锌	1	硫酸锌	1
烟草专用钼肥	0.08	烟草专用钼肥	0.08
纯 N	7.06	纯 N	7.51
P_2O_5	5.95	P_2O_5	6.4
K_2O	23.23	K_2O	24.53
N：P_2O_5：K_2O	1：0.84：3.29（有机氮 29.89%）	N：P_2O_5：K_2O	1：0.85：3.27（有机氮 28.09%）

注：工程化商品有机肥按照水分 30%，纯氮当季有效利用率 50% 测算。

次移栽后 25 d 左右，把剩余的复合肥兑水施入。

硝酸钾：2～3 kg/亩随定根水施入，在移栽后 7～10 d 将剩余的硝酸钾兑水浇施。

硫酸钾：结合揭膜培土，揭膜后干施，离烟株约 15 cm，或沿垄边均匀撒施，施肥后培土，严禁裸露。

商品有机肥及菜籽麸肥：基肥条施。

条施：拉线开沟（深 8～10 cm，宽约 15 cm），基肥沿沟均匀施入沟内。

追加的钼、硼、镁、锌肥，配合追肥兑水灌根（大田期总施用量：硼砂 1.0～1.5 kg/亩、硫酸锌 1.0～1.5 kg/亩、硫酸镁 4～8 kg/亩。复合肥已混有一定量的中微肥）；或者在团棵期、旺长期兑水灌根，也可用 0.3% 硼砂、硫酸锌、硫酸镁溶液喷施。

追加钾肥，在成熟期或采烤期追施 0.5%～1.0% 磷酸二氢钾溶液，以叶面喷施为主。

钼肥的施用方法：第 1 次施用在移栽后 7～10 d，在第 2 次追肥肥料中加入烟草专用钼肥 40 g/亩；第 2 次施用在烟株现蕾前后，烟草专用钼肥 40 g/亩兑水 40 L，主要喷施烟株中上部叶片的正、背面，可以与磷酸二氢钾或防治病虫害的农药结合使用。

四、起垄盖膜待栽

移栽（图 6-7）前抓住晴好天气用旋耕机耕耙，要做到田平、土细、均匀一致。

在垄体土壤水分含量适宜时起垄。条施基肥，喷杀虫剂，防治地下害虫。起垄前，在垄中心条施基肥（50% 的复合肥、商品有机肥及麸肥）。

垄底宽 90～100 cm，垄顶宽约 40 cm，垄高 30 cm 以上，梯形垄，行距 1.2 m，株距 50 cm。要求做到垄直沟平、垄体饱满、土壤松细、土粒细碎、垄面平整。

图 6-7　移栽

覆盖地膜待栽（图 6-8），要求绷紧拉直地膜，膜与垄体表面紧密接触，用沟底泥土压紧压实地膜及地膜破损处，确保膜面清洁、密闭。配套"三沟一口一坑"，开好垄沟、腰沟、边沟、排水口，在排水困难的烟田挖好抽水坑，沟底宽 30～35 cm，且腰沟比垄沟低 5 cm 以上，边沟和排水口比垄沟低 10 cm 以上，做到沟沟相通，雨停田干。垄向因地制宜（以烟株受光量均衡为主要标准取向），一般垄向以南北方向为宜，以利于通风透光。盖膜前用 25 g/L 高效氯氟氰菊酯乳油 1 000～2 500 倍液，或 25 g/L 溴氰菊酯乳油 1 000～2 000 倍液，或 10% 烟碱乳油 600～800 倍液，或选用白僵菌或绿僵菌制剂溶液等喷洒于垄体（或者移栽前喷药于穴内），预防地老虎等地下害虫。2月10日前必须 100% 完成覆膜待栽工作，坚决避免边起垄边移栽或移栽等起垄现象发生。

图 6-8　覆盖地膜待栽

五、移栽

1. 移栽期

移栽期 2 月 15—25 日。

2. 移栽方式

采用井窖式小苗移栽或小苗膜下移栽。如天气原因造成无法小苗移栽，可按照壮苗膜上移栽方式移栽，同时必须加强苗床管理，确保烟苗质量。地膜破口如图 6-9 所示。

图 6-9　地膜破口

3. 移栽密度

视土壤肥力而定。一般中等肥力、排灌方便的烟田，行距为 1.2 m，株距为 0.5 m。

4. "三带"移栽

带水、带肥、带药移栽。预防青枯病、黑胫病、根黑腐病，移栽前用 50% 氟吗·乙铝可湿性粉剂 600~800 倍液，或 72% 甲霜·锰锌可湿性粉剂 600~800 倍液，或 50% 烯酰吗啉可湿性粉剂 1 250~1 500 倍液，对烟苗茎基部喷淋（或蘸根），或使用胫腐康或土修福土壤处理剂对土壤消毒。预防青枯病，移栽前用 20% 噻菌铜 500~600 倍液，或 52% 氯尿·硫酸铜可溶粉剂 750~1 250 倍液，或 3% 中生菌素可湿性粉剂 1 000 倍液，对烟苗茎基部喷淋（或蘸根）。把专用复合肥、硝酸钾充分混匀溶于水，制成浓度为 1% 的水溶液。烟苗放置井窖后，用肥料混合溶液，顺井壁淋下，每井 80~200 mL。注意防止掩埋烟苗心叶，移栽后烟苗顶部距井口 3~4 cm。移栽前 7~10 d，苗床喷施预防病毒病的药物；起苗前，用防治根茎类病害药物蘸根；移栽时用防治根茎类病害的药物灌根。

中生菌素用法用量：第 1 次，在烟叶移栽后 15 d 左右，用 40 g 的 3% 中生菌素灌根；第 2 次，在团棵期，用 80 g 的 3% 中生菌素灌根。

胫腐康用法用量：主要针对土传病害严重的农田。本品 A、B 粉剂单独包装，A 与 B 配制比例按 1∶1。A、B 粉剂亩用量均为 100 g（合计 200 g）。先将 A 缓缓以"Z"形晃动，撒入 4 kg 水中，然后将 B 同样操作（撒入过程禁止搅拌）；加盖，防止挥发；约 30 min 后搅拌均匀，即成黄绿色母液。将配好的母液稀释 2~3 次后倒入 1 500 kg 水中，搅拌均匀即可施用。移栽前灌穴，先灌穴，后移栽，防止伤根，移栽前 30 min 每株灌施消毒液 1.5~2.0 kg，当溶液渗入土壤时，及时将烟苗丢入穴内封土（或井窖内）。为了保证消毒效果，灌穴 30 min 后，保证水渗透深度达到 20 cm 以上。如需施用其他液体肥料或农药时，应在灌施后 30 min 进行。配好的消毒液应在 1 h 内用完，本品对金属容器有腐蚀性，不可长时间浸泡，用后及时用清水冲洗。

土修福使用方法：移栽时穴施或灌施，采用与适量有机肥拌匀穴施效果更好。穴施时，先将土修福与适量有机肥拌匀（每亩 2 kg 土修福加 10~15 kg 有机肥），在移栽器中放入 10 g 左右混合物，再放苗移栽；灌施时将每亩 1 kg 配制好的土修福稀释液加入定根水中施用。

注意事项：土修福、中生菌素不能混用，土修福、中生菌素不能跟杀菌剂、肥料混用。对砂质田块，用 20% 的生石灰水，200~300 g/株灌根，调节株基部土壤 pH；要注意先溶解再稀释，防止生石灰发热烧苗。

5. 精细操作

按烟苗素质进行分类，同一块烟田所栽烟苗素质一致。选择在阴天或晴天早晨和傍晚进行移栽，注意取苗和搬运过程中不要弄伤烟苗和弄散基质。

做好保湿起垄、壮苗移栽、浇足定根水、查苗补苗等关键技术措施的落实，切实提高移栽质量，确保栽后烟苗无明显返苗现象，促进烟苗早生快发，缩短移栽至团棵的时间，延长旺长和烟叶成熟的时间，为提高烟叶的产量和质量创造条件。

六、及时查苗补苗

移栽后 7 d 内进行。对未成活的烟苗要及时进行补栽。

七、小培土

烟苗生长 10~15 d，待烟苗生长高出井窖口或地膜 1~2 cm 时，用细土将井窖填充，同时追施 2% 浓度硝酸钾、烟草专用复合肥。

八、加强水分管理

进一步推进水肥一体化技术，实现水肥同步精准管理和高效利用。针对 K326 品种不耐旱，干旱易引起叶片狭小、顶叶开片差、肉体厚、难烘烤的特点，要加强水分管理。烟株进入团棵期后需水量大，应根据旬降水量进行灌水调肥，保持土壤湿润，采取"沟灌为主、浇灌为辅"的方法。并在旺长期加强水分管理，防止干旱天气造成 K326 烟株根系吸收养分的能力降低，保持土壤足够的水分，确保根系的活力旺盛。保证烟株养分吸收的连续性，防止烟株出现养分断档，同时切实做好防渍防旱工作。

1. 浇足"定根水"

为使烟苗迅速生根、早还苗，提高成活率，必须在移栽时充分供水，增加土壤水分，土壤含水量达到田间持水量的 65%~70%。

2. 保障"伸根水"

移栽 7~10 d 后，用硝酸钾和烟草专用复合肥各 5 kg 左右兑水在离根部 10 cm 处打孔注入；移栽 20~25 d 后，将剩下的硝酸钾、烟草专用复合肥兑水在离根部 15 cm 处打孔注入。此期间保持土壤含水量达到田间持水量的 55%~65%，使烟株移栽后 30~35 d 达到团棵长相，严禁大水漫灌。

3. 浇足"旺长水"

移栽后 30~60 d 烟田应保持土壤含水量达到田间持水量的 70%~80%，不足时必须进行大田灌水，满足烟株水分的需要，确保烟叶的产量、质量。浇灌"旺长水"时要采取隔行沟灌，禁止大水漫灌；灌水量以达到垄高 2/3 以上为准。

4. 重视"圆顶水"

打顶之后，烟株叶片自下而上陆续成熟，烟株的生理生化活动主要是干物质的合成、转化和积累。为了使烟叶品质优良，应保持土壤含水量达到田间持水量的 70%～80%，确保烟株达到理想株高、叶片数适宜、开片正常。

5. 清沟排水

及时做好边沟、腰沟、垄沟、排水口、抽水坑"三沟一口一坑"配套，确保旱能灌、涝能排。及时排清雨后烟田积水。

九、适时揭膜培土

烟株发育达团棵期（移栽后 35～40 d）就进行揭膜和培土（图 6-10、图 6-11）。干施硫酸钾，结合除草，培土上垄达烟株根部。培土后，垄顶宽 40 cm 以上，垄高 35 cm 以上，垄体饱满、垄直、沟深、底平、排灌通畅。

为了保障烟叶旺长所需水分，防止因揭膜培土时间过长烟田水分不足影响烟叶旺长，揭膜培土前先灌 1 次水，采取隔行沟灌，严禁大水漫灌，灌水量以达到垄高约 1/3 处为宜。

图 6-10　揭膜

图 6-11　培土

十、适时封顶、合理留叶

1. 适时封顶

根据烟株营养状况、品种特性等确定封顶的时间和留叶数。主推打叶留茎打顶技术，在烟田有 50% 烟株中心花开放，烟株已经"伸脖子"时，将花蕾用锋利小刀斜削去除（切口成 45° 角上斜，避免伤口积水，防止感染空茎病），把花芽及小于 20 cm 的上部叶抹去，保留 2～3 个节位的茎秆。肥力和长势正常的烟株将上部小于 20 cm 的叶片和花蕾或花序去除，肥力偏高和长势旺盛的烟株保留至最上一片叶长 15～20 cm，肥力低和长势弱的烟田保留至最上一片叶长 20～25 cm。打顶要分色分批打顶，确保打顶优化后，有效叶 16 片左右，打顶后无杈无花。禁止采用扣心及现蕾打顶方式，避免形成"伞形"烟，着力解决打顶过低、株高较矮、株型不合理等问题，打顶要遵循先健株再病株的原则。

打叶留茎打顶宜在晴天进行，操作人员随身携带一条浸透肥皂水的毛巾，打顶 50 株左右将刀具消毒 1 次，以利于伤口愈合，防止病虫侵染。去除的是有效叶片上端 2～3 个节位的无效叶片，在最上端去除叶片的节位处施用抑芽剂。

2. 化学抑芽

封顶后，适时用化学抑芽剂 [330 g/L 二甲戊灵乳油（除芽通）100 倍液、125 g/L 氟节胺乳油（抑芽敏）300 倍液；两者稀释后，等量混合施用，可以减少残留] 从顶端断口处，顺茎秆慢慢流至株高一半。化学抑芽应在晴天，不得在雨天或有露水的清晨进行。施用抑芽剂后 6 h 内若下雨应重施抑芽剂。

3. 手工抹芽

K326 腋芽生长势强，对上部叶烘烤质量影响很大，封顶后必须将长于 2 cm 的腋芽抹掉（图 6-12、图 6-13）；当抑芽剂药效消失后，及时抹掉长于 2 cm 的后发腋芽。

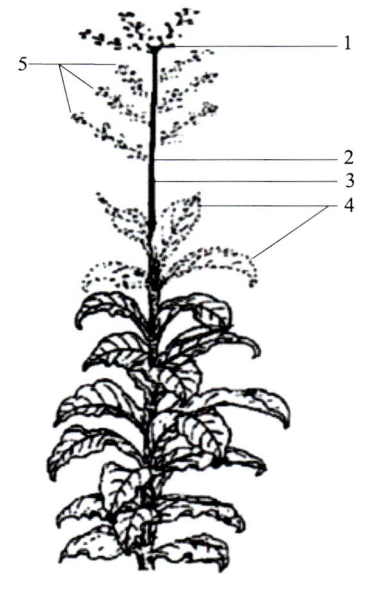

1-中心花；2-主花轴；3-主茎；
4-无效叶片；5-无效花序。

图 6-12 "打叶留茎"打顶技术的示意图

注：1、2、4 和 5 所示的虚线为"打叶留茎"烤烟打顶方法中需去除的部分。

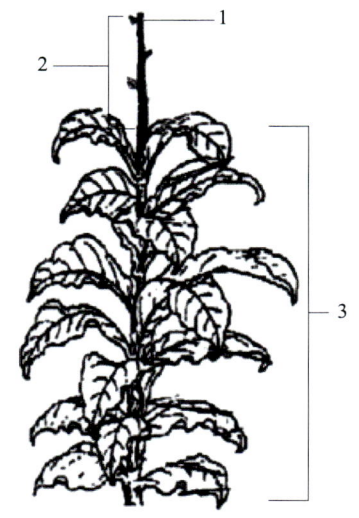

1-主茎切断和施抑芽剂处；
2-保留主茎的节位；3-有效叶片。

图 6-13 烟株"打叶留茎"后示意图

注意：旺长期干旱少雨时适当多留叶，推迟化学抑芽；严禁烟株打顶过重，应做到合理留叶；封顶时，打掉花蕾，把花芽及小于 15 cm 的上部叶抹去，保留足够长的茎秆，防治空茎病。

十一、不适用烟叶处理

不适用烟叶处理分别在田间、烤前和烤后 3 个阶段进行。

第一阶段：烟株打顶后采收前，打掉 5~6 片下部叶。

第二阶段：编烟时，要剔除不熟叶、过熟叶、病残叶或烤不出符合收购等级的烟叶（B4F、X3F 及以下等级），并做到科学烘烤，杜绝烘烤操作不当造成低次烟叶产生。

第三阶段：在卸秆、初分级时，去青除杂，及时处理下低等级和不列级烟叶。

十二、外源重金属控制

外源重金属控制主要是控制肥料和灌溉水中重金属进入土壤中，保护烟区土壤，使其重金属水平不再增加。

1. 肥料重金属限量标准

肥料重金属限量标准如表 6-2 所示。

表 6-2　肥料重金属限量标准　　　　　　　　　　　　单位：mg/kg

分类	As	Cd	Pb	Cr	Hg
化学肥料	≤50	≤10	≤200	≤500	≤5
有机肥料	≤15	≤3	≤50	≤150	≤2
水溶肥	≤10	≤10	≤50	≤50	≤5

2. 灌溉水重金属限量标准

灌溉水重金属限量标准如表 6-3 所示。

表 6-3　灌溉水重金属限量标准　　　　　　　　　　　　单位：mg/L

As	Cd	Pb	Cr	Hg
≤0.1	≤0.01	≤0.2	≤0.1	≤0.001

第七章 病虫害防控技术

一、防控对象

广西烟区以蚜虫、烟青虫、斜纹夜蛾、病毒病、青枯病、黑胫病等六大靶标为主要防控对象，次要防控对象有蜗牛、蛞蝓、小地老虎、气候斑点病、白粉病、赤星病等。警惕靶斑病的发生。

二、防控理念

以烟草健康栽培为核心，采取农业防治、生态调控、生物防治、理化诱控和减量化精准用药等环境友好型措施控制烟草主要病虫害发生，确保烟叶生产安全、烟叶质量安全和烟区生态安全。

三、防控原则

1. 技术原则

遵循病虫害综合治理原则。以生物防治、保健栽培、生态调控、理化诱控和精准施药等为基础，控制病虫发生为害，最大限度地减少化学农药的使用。

2. 工作原则

遵循分区治理、分类防治的原则。针对不同区域生态条件、病虫害发生特点和作物布局，实施分区分类防控，保障技术大面积应用。

3. 操作原则

遵循轻简、规范、标准的原则。通过技术熟化开发和组装配套的规范化和标准化，实现复杂技术的轻简化，降低防治成本，减少劳动力投入，确保绿色防控的投入产出比最优。田间操作，坚持先健株后病株原则，预防人为传染。

四、主要病虫害类型、发生关键期及防治方法

（一）烟草病毒病

1. 发生条件及为害特点

该类型病害适宜温度是28～30℃，37℃以上则病毒停止增殖，从苗期到大田期均可发生。幼苗染病后，初期症状不明显，一般先出现于新叶上，沿叶脉组织变为浅绿色，对光观察呈半透明状，即为"明脉"。一般从基部向叶尖发展，逐渐蔓延到整个叶片。适宜发病条件下，几天后叶片上产生黄绿相间的斑驳，继之很快出现花叶、斑驳、皱缩、畸形等症状。K326主要病毒病症状如图7-1所示。

烟草花叶病毒（TMV）侵染

马铃薯Y病毒（PVY）侵染

黄瓜花叶病毒（CMV）侵染

图7-1　K326主要病毒病症状

2. 防治方法

（1）选用抗病品种

改良K326新品系在主要植物学性状和农艺性状与K326保持不变的前提下，其TMV和CMV抗性得到明显改良，可根据各地具体情况适当选用，应用时应注意栽培调控，以提高烟叶质量。

（2）栽培防病

①注意苗床和田间卫生。

苗床消毒，减少毒源。对苗床和苗床土进行消毒，可有效减少土壤和苗床周围的病毒量。在集约化育苗的情况下这种操作很容易进行，应予提倡。消毒时可采用各种对病毒有强抑制作用的药剂，如20%吗胍·乙酸铜可湿性粉剂500倍液、8%宁南霉素水剂750倍液、20%盐酸吗啉胍可溶性粉剂1 000倍液等。

种子消毒。烟草种子虽不带毒，种子的表面及杂质会带毒，种子消毒是非常必要的。消毒方法可采用上述药剂消毒，也可采用硫酸铜和硝酸银消毒。

②培育壮苗。

培育无病壮苗，提高烟株自身的抗病性。

③均衡营养，提高烟株自身抗病性。

氮、磷、钾合理配比，适当提高钾肥用量，以提高烟株自身的抗病性。提倡在生长前期叶面喷施磷酸二氢钾，烟株中钾含量的提高可有效地提高烟株自身的综合抗病力，特别是对花叶病的抗病性。

（3）避蚜防病

①尽量减少蚜虫进入苗床或爬到烟苗上。

在苗期进行锻苗和放风时，以防虫网遮挡进风处，以防蚜虫进入。或锻苗时仍将薄膜放置苗床边以驱赶蚜虫。大棚育苗，在锻苗时可在北墙和育苗盘间挂反光膜，以驱避蚜虫。

②地膜覆盖。

地膜覆盖在提高地温等综合效应下促进了烟株生长，提高了烟株自身的抗病性；同时也能有效地驱避病毒传播媒介蚜虫，极大地减轻花叶病为害，花叶病降低大约50%。

（4）施用抗病毒剂

抗病毒剂的作用以抑制病毒的活性和诱导烟株产生抗性为主，因此其应用一定要掌握在病毒侵入烟株之前。根据有关抗病毒剂抗性机理研究结果，提出如下施用程序：苗期用药1～2次，移栽前1 d一定用药1次以防止病毒在移栽时通过接触传染；在移栽后的生长前期施用2～3次。提倡在田间操作前对烟株喷药保护。目前生产上应用较好的抗病毒剂有免疫诱抗剂，如2%氨基寡糖素水剂1 200倍液、0.5%香菇多糖水剂500倍液、3%超敏蛋白微粒剂（10 g/亩）。

（5）其他辅助措施

对早发病烟株及早拔除，带出烟田销毁，以消灭再侵染源。

施偏心肥，大田普遍发病时，对发病烟株施速效氮肥，以促其开秸开片，也可用1%的尿素喷施。注意：烟草对尿素特别敏感，施用时要严格掌握浓度，不可任意加大。

（二）烟草真菌性病害

1. 发生条件及为害特点

烟草真菌性病害的最适发病温度为28～32℃，苗期发病较少，主要为害大田成株，根、茎、叶均可发病，以黑胫病、赤星病、白粉病为主（图7-2）。其中，赤星病流行温度属于中温，日均温度低于20℃时很少发病，25℃以上时则发病严重，温度太高反而不易发病。烟株叶片进入中后期是赤星病的感病阶段，病菌主要为害成熟时的叶片。感病后，叶片先发生深褐色小圆点，受害组织开始变褐，直径一般 1～1.25 cm。病斑上的坏死组织具同心轮纹，病斑边缘明显，外围有淡黄色晕圈，病斑与健康组织有明显的界线。黑胫病苗期发生较少，主要为害大田成株，根茎叶均可发病。病菌从根部或茎基部侵染，导致根部和茎基部出现黑褐色坏死斑，地上部分萎黄枯死，根部发病后变黑，在多雨潮湿时，中下部叶片常产生黑褐色坏死斑，直径可达 4～5 cm。白粉病以大田期为害重，苗期也可发生。主要发生在叶片表面，严重时也蔓延到茎秆上。幼苗受害，病叶上长满白粉，叶色变黄，烟苗逐渐干枯死亡。大田发病，病斑多从下部叶开始，逐渐向上部叶扩展。初期发病，叶片上产生白色绒状霉斑，以后逐渐扩展到整个叶片，在叶片的正反面均可见白色粉状物。

黑胫病　　　　　　　　赤星病　　　　　　　　白粉病

图 7-2　K326 主要真菌性病害

2. 防治方法

（1）适时早栽、起垄栽植

适时早栽、起垄栽植可有效预防烟草黑胫病的发生。同时培育壮苗，加强田间管理，防止田间过水、积水。及时清除病叶及病株，适时采收等措施，都可以起到预防病害发生的作用。

（2）适当稀植，控制氮肥用量，增施磷钾肥

在烟株团棵期、旺长期和平顶期叶面喷施磷酸氢二钾可明显减轻赤星病为害。

（3）实行轮作

因黑胫病初侵染主要来源为带病土壤，轮作是很有效的防病措施。

（4）药剂防治

对赤星病和白粉病的防治可采用 20% 氟唑菌酰羟胺·苯醚甲环唑悬浮剂 750 倍液、20% 氟唑菌酰羟胺悬浮剂 1 000 倍液和 40% 菌核净可湿性粉剂 500 倍液，每 7～10 d 施 1 次，一般 2～3 次，在发病初期喷施，防治效果可达 70% 以上。

对黑胫病的防治可采用先正达集团股份有限公司研发的耕际空间组合套装防治，也可采用 25% 甲霜灵可湿性粉剂 500 倍液在发病初期灌根 1～2 次，防效可达 80% 以上。甲霜灵系列的其他药剂及噁霜灵、三乙膦酸铝等药剂也有较好的防治效果。

（三）烟草细菌性病害

1. 发生条件及为害特点

病原菌生长的温度为 18～37℃，最适温度为 30～35℃。在苗期和大田期均可发生，以青枯病、角斑病和野火病为主（图 7-3）。其中青枯病是典型的维管束病害，根、茎、叶各部均能受害，最典型的症状是受害植株的叶片枯萎，下垂的叶片初期仍为青色，故称"青枯病"。发病初期病株常表现为一边枯黄、一边健康，继而病茎髓部成蜂窝状或全部腐烂，形成仅留木质部的空腔。发病中后期病叶全部枯萎，根部变黑腐烂，横切病茎，用手挤压切口，会从导管中渗出黄白色乳状浊液，这即是细菌的溢脓。角斑病和野火病则在苗期和成株上均能发生，但主要发生在烟株生长后期，受害部位主要是叶片。发病初期在叶肉组织上形成水渍状暗绿色斑点，以后病斑扩大呈多角形或不规则形，病斑灰白色或黑褐色，颜色不均匀，常形成多重云形轮纹，边缘明显，周围没有黄色晕圈，有时病斑可扩大至直径 1～2 cm。

青枯病

角斑病

野火病

图 7-3　K326 主要细菌性病害

2. 防治方法

一是轮作。轮作 3～5 年，销毁烟田病残体，减少侵染源，可有效降低危害。

二是合理施肥。N、P 和 K 适当配比，适当增加磷肥和钾肥的量。

三是适时早栽，适时打顶，提早收获。

四是加强田间管理。高起垄，疏通沟渠，注意排水，避免土壤湿度过大。适当增施 0.1% 硼砂，提高烟株抗病能力。

五是药剂防治。初发生时可喷波尔多液、噻菌铜、春雷霉素等药剂，7～10 d 喷 1 次，连喷 2～3 次。

（四）烟蚜

1. 为害特点

烟蚜（图 7-4）吸食幼嫩烟叶汁液，烟株受害后生长缓慢，叶片变薄、皱缩。烟蚜还分泌蜜露诱发煤污病，造成烟叶品质下降。有翅蚜传播烟草黄瓜花叶病毒病、马铃薯Y病毒病等多种病毒病害。

图 7-4　烟蚜

2. 防治方法

（1）早春治蚜

为了避免烟蚜为害烟草，可在早春结合越冬寄主桃树的正常管理，在卵孵化后，越冬寄主未卷叶之前，防治其上的蚜虫，以减少迁移蚜的数量，减少烟田的蚜源。

（2）苗床驱蚜

苗床期，可利用银色薄膜驱避蚜虫，以减少移栽时带毒不显症的烟苗数量。

（3）药剂防治

烟草大田生长期，可采用移栽时穴施吡虫啉、噻虫嗪、吡蚜酮、阿维菌素的方法进行防治，于烟草移栽时穴施在烟株根际周围。另外，也可采用在田间蚜量上升阶段进行药剂防治。可采用10%吡虫啉可湿性粉剂1 500～2 000倍液、3%啶虫脒微乳剂400～600倍液、0.6%高效氯氟氰菊酯乳油200倍液等药剂喷雾。药剂防治时，一定要注意施药质量，喷雾时一定要喷洒均匀，对所有烟蚜寄生叶片都要进行喷施，以保证防治效果。要避免长期单一使用同一种药剂，可交替使用。

（4）打顶抹杈

及时打顶抹杈，恶化烟蚜的食物条件，促使无翅蚜转变为有翅蚜迁出烟田。有条件的地区，也可利用麦烟套种、银膜覆盖等措施，以减轻烟蚜为害。

（五）烟青虫、斜纹夜蛾

1. 为害特点

以幼虫为害（图7-5）。在烟株现蕾以前为害新芽与嫩叶，咬成孔洞或缺刻，严重时几乎可将整片叶吃光；烟株现蕾后，为害花蕾和蒴果，有时钻入嫩茎取食，轻则食成孔洞和缺刻，重则可将叶片吃光，也能为害花及果实。可造成上部幼芽、嫩叶枯死。

图 7-5　烟青虫、斜纹夜蛾及为害症状

2. 防治方法

（1）冬耕灭蛹

烟青虫在各地均以蛹在土中越冬，及时冬耕可以通过机械杀伤、暴露失水、恶化越冬环境、增加天敌的取食机会等，达到灭蛹的目的。

（2）捕杀幼虫

在幼虫为害期，于阴天或晴天 4:00—9:00，到烟田检查新叶、嫩叶，如发现有新鲜虫孔或虫粪时，随即找出幼虫杀死。

（3）诱捕成虫

可用灯诱或性诱剂诱杀成虫（图 7-6）。性诱剂（诱芯）的设置方法：在简易的三脚架上放置盛水皿，直径 35～40 cm，水中加少许洗衣粉，诱芯挂距水面 2～3 cm，诱捕器略高于烟株。成虫盛发期挂置诱芯，诱芯有效期 20 d 左右，每亩设置 1～2 个诱捕器。

灯诱

蛾类害虫诱捕器

图 7-6　诱捕成虫

（4）化学防治

于幼虫 3 龄以前，可选用下列药剂进行防治：5% 高氯·甲维盐微乳剂 1 000 倍液，1% 甲氨基阿维菌素苯甲酸盐微乳剂 2 000 倍液，15% 茚虫威悬浮剂 2 000～2 500 倍液。

（5）生物防治

注意保护天敌，充分发挥天敌的自然控制作用。利用生物制剂进行防治，如苏云金杆菌、白僵菌（图 7-7）等。利用生物制剂防治时，一定要注意施药质量。

白僵菌

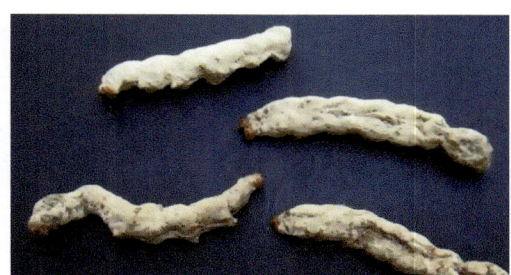
白僵菌防虫

图 7-7　生物制剂

第八章 采收烘烤

一、成熟烟叶采收

1. 准确把握采收时期

烟叶成熟度被认为是影响烟叶质量因素中的首要因素,也是保证和提高烤后烟叶品质及其工业可用性的前提。烟叶采收是基础,烘烤是关键。判断烟叶成熟度的依据是"三看",即一看天数、二看色相、三看形态。天数是指烤烟从移栽到采收时这阶段时间;色相即烟叶色落黄,叶脉变白;形态指面皱带斑,茸毛稀少,茎叶角大,叶尖下垂,叶缘略焦。优良的K326田间烟叶在大田移栽后70 d左右进行成熟采收。成熟烟叶(图8-1)的外观特征明显,主要表现为中下部叶逐层成熟落黄、上部4~6片相对集中成熟落黄。采收时,一般选择在晴天上午或阴天,便于识别烟叶成熟度。

图8-1 田间成熟烟叶

2. 采收原则

采收时，应坚持下部叶（2~3片/株）适熟抢采，中部叶（2片/株左右）适熟稳采，上部叶（4~6片/株）充分成熟后一次性采收的原则，才能更好地提高黄烟率，确保烤烟质量。

3. 烟叶成熟的五大特征

生长正常的烟株，一般在打顶后1周落黄成熟，主要有五大成熟特征：叶色变黄，叶片下垂，主脉变白，茸毛脱落，现成熟斑。

叶色变黄：烟叶达到成熟时，叶面的绿色逐渐消退，黄色程度增加，称为"落黄"。下部烟叶落黄成熟，叶尖和叶边缘为黄色，整个叶面为绿黄色。中上部叶或比较厚的叶片成熟时，叶面为浅黄色至淡黄色，有黄色至黄白色成熟斑，叶尖和叶缘为黄白色。

主脉变白：烤烟在生长发育状态时，主脉、支脉都为绿色的，达到成熟时变为白色并且发亮。下部叶成熟时，主脉2/3变白，支脉开始变白；中部叶成熟时，主脉全白，支脉1/2变白；上部烟叶成熟时，主脉全白，支脉2/3以上变白。在烟叶主脉变白的同时，叶基部产生分离层，采摘时硬脆，易折断，采收后的断面呈整齐的马蹄形。

茸毛脱落：叶面上的茸毛具有分泌油脂、蜡质、树脂的作用，当烟叶生理成熟之后，部分茸毛开始脱落。此时，烟叶表面烟油增多，似有胶质薄膜覆盖，手摸烟叶有明显的粘手感，采收时手上常粘着一层不易洗掉的黑色油状物。

叶片下垂：叶尖部和叶边缘下卷，叶片下垂，茎叶角度增大。水肥条件好的田块，烟叶较宽、较长，烟叶成熟时叶尖下垂程度较多，茎叶角度也较大；水肥条件较差的田块，烟叶较窄、较短，成熟时叶尖下垂程度较少，茎叶角度也较小。

现成熟斑：叶面发皱，出现黄斑，中上部烟叶表现较为突出。它们伴随着烟叶的成熟而出现，因此，是烟叶的成熟特征。在判断烟叶成熟度的实践过程中，发皱和黄斑对中上部烟叶，特别是上二棚叶和顶叶的成熟度，有重要的参考价值。

4. 不同部位叶的成熟特征

不同部位叶的成熟特征不同（图8-2）。

下部叶（脚叶、下二棚叶）、中部叶（腰叶）、上部叶（上二棚叶、顶叶）着生位置不同，成熟特征有较大差异。

下部叶成熟特征：脚叶、下二棚叶，处在湿度大、光照差、通风不良的条件下生长成熟，叶片较薄，组织疏松，干物质少。下部叶，一般在打顶后7~10 d、落黄六至七成采收。成熟时，叶色绿黄，主脉变白，叶尖茸毛部分脱落。适熟期短，适当早收，掌握成熟标准宜宽。底脚叶起始的两三片，无烘烤价值，通常不予采收。

| 下部叶 | 中部叶 | 上部叶 |

图 8-2　不同叶位烟叶成熟特征

中部叶成熟特征：腰叶，处于通风透光良好的条件下生长成熟，叶片厚薄适中，成熟特征表现较为明显。中部叶，一般在打顶后 25～30 d、落黄七至八成采收，成熟一片采收一片。成熟时，叶面浅黄，茸毛部分脱落，主脉、侧脉变白发亮，叶尖、叶缘下垂。中部烟叶适熟采收，掌握成熟标准宜严。

上部叶成熟特征：上二棚叶和顶叶，处于光照充足、蒸腾作用激烈的条件下生长成熟，叶片厚、组织紧密、干物质多、成熟慢。因此，宜 4～6 片（以倒数第 2 叶起数）等养成熟后一起采收。当顶部第 1～3 叶落黄八成（以黄为主）左右，主脉全白发亮，侧脉大部分（2/3 以上）发白，叶面有明显的黄白色成熟斑时采收。

烟叶成熟特征随烤烟部位、土壤、气候、施肥等条件的不同而不同，应从生产实际出发，对于烤烟部位、留叶数、栽培条件等诸多相关因素进行全面考虑，灵活掌握，同时，避免抢青采烤，提高采收成熟度，采收真正成熟的烟叶，为提高烘烤质量打下基础。

5. 采收要求

在采收烟叶前要求对所有栽种的烟田（地）进行烟叶成熟预测，评估采收数量、鲜烟叶质量。将田烟、地烟、长势、成熟度、病虫害危害度等进行等级分类，统一采收标准（图 8-3）。采烟时做到地不漏块、块不漏沟、沟不漏株、株不漏叶，不采生。采收的烟叶要求做到叶基叠叶基，整齐一致，防止损伤烟叶。集中处理无烘烤价值的老黄叶、重病叶，保持田间卫生。

6. 运输要求

运输时要对同质鲜烟叶进行归类，确保堆内鲜叶质量相似。运输过程中，用遮阳网或其他遮阳材料对烟叶进行遮阳，防止烟叶被日灼伤害。抱烟、堆烟时做到轻拿轻放，严禁过分挤压，对烟叶造成机械损伤。堆放高度一般以 50～60 cm 为宜，最高不超过 100 cm。

图 8-3　统一采收标准

二、分类编烟与排队装炉

1. 分类编（夹）烟

按分类堆放的烟叶质量，依次从大类烟叶到小类烟叶的次序进行编（夹）烟。注意拣出相似性不高的烟叶，优化处理没有烘烤价值的低次烟叶，防止编成杂花烟，降低竿类纯度（图 8-4）。

图 8-4　分类编烟

编（夹）烟时，做到以柄端对齐，编竿或夹内均匀，基部露出烟竿或烟夹 3～

4 cm。烟竿编烟还要求叶背相靠，一对一对地编竿，烟绳拉紧，绳头结牢，防止掉叶。

编（夹）烟要求密度合理，一般1.35 m长的烟竿，下部烟80~90片/竿，中部叶100~110片/竿，上部叶110~130片/竿。竿重以7~8 kg/竿为宜。分类堆放，防止堆放混杂，影响装烟进度。

2. 排序装烟

（1）不同烤房装烟量

一般每座密集烤房装400~600竿，功能化烤房装260~300竿，标准化烤房装110~130竿。装烟前要精确统计出各类型烟叶的竿数或夹数。

（2）排序装烟

根据烤房内出现"高温低湿、低温高湿、中温中湿"的温度分布规律，按照"高温低湿装烤成熟度好或不耐烤烟，低温高湿装烤成熟差或耐烤的烟叶，中温中湿装烤成熟度适宜或耐烤性一般的烟叶"和"上下层同竿或同夹，分布均匀"的原则，将编（夹）好的烟叶分类一次装炉。

三、烤烟精细化密集烘烤基本工艺

1. 烘烤特性

K326烟叶烘烤过程中，烟叶变黄速度中等，下部叶片通身变黄，中上部叶叶尖叶缘先黄，叶脉变黄明显慢于叶肉（图8-5）；失水速度、耐烤性、易烤性中等；下部叶易枯，上部叶易挂灰。

图8-5 变黄阶段的烟叶

2. 烘烤基本原则

（1）四看四定

看鲜烟叶质量，定烘烤方案；看设定温度值，定烧火大小；看烤房内湿度大小，定湿球温度值；看烟叶变化情况，定烘烤时间长短。

（2）四严四灵活

对烟叶在烘烤过程中的变化特征要求严，温湿度的调整要灵活；控制温度要严，烧火大小要灵活；控制湿度要严，排湿多少要灵活；控制烟叶变化程度要严，时间长短要灵活。

3. 操作要领

（1）变黄期

变黄期的烘烤目标是变黄发软。烘烤时要把握"小火慢烤、微排控水、稳湿慢温、调湿促黄"的要领。变黄初期的主要烘烤任务是使全炉烟叶受热出汗，采取的方法是小火焖炉（图8-6），即装烟后，关闭门、窗和进风洞口后及时点火进入烘烤。变黄中期的主要烘烤任务是使烟叶失水促黄，采取的方法是稳温微排慢烤。变黄末期（图8-7）是变黄期的补充期，主要烘烤任务是解决变黄过程中由于烟叶失水不足，导致发软不充分、叶片基部变黄不达标的问题，采取的方法是稳湿增温，排湿变黄。

图 8-6　小火焖炉

图 8-7　变黄末期

（2）定色干叶期

该阶段主要目标是使变黄后的烟叶干燥定色。此时应把握"稳温排湿定色、延时干燥促香"的要领，以最大的排湿量和最强大的火力（图8-8），使烟叶在最短的时间内快速干燥定色（图8-9）。

（3）干筋期

该阶段的烘烤目标是全炉烟叶主脉干燥，降低烟叶香气损失。此时应把握"高温干燥、少排保香"的要领，逐渐减小进风排湿面积，减弱火力，中火烘烤（图8-10），正常干筋（图8-11）。

图 8-8　大火烘烤　　　　　　　　图 8-9　正常定色

图 8-10　中火烘烤　　　　　　　　图 8-11　正常干筋

4. 注意事项

一是烘烤前对烤房中的控制器、循环风机、排湿设备、火炉、传感装置等硬件设备进行全面细致的检查与保养（图 8-12、图 8-13），同时烧火试烤，检测烤房运行情况，为烘烤工作顺利开展提供硬件保障。不用破旧简陋的老式烤房。设备密封性要好，风机转向正确，传感器测温、测湿要准。

图 8-12　检查烤房　　　　　　　　图 8-13　清理火炉

二是不烘烤无价值的烟叶（遭病虫害），不盲目采收假熟烟叶。

三是编烟装炉要轻拿轻放、稀密恰当，防止日晒雨淋；当天采收，当天装炉烘烤，避免机械损伤烟叶（图 8-14）、隔夜堆放烟叶（图 8-15）。

图 8-14　机械损伤烟叶　　　　　图 8-15　隔夜堆放烟叶

四是烧小火要稳，加煤要合理；灵活控制湿球温度，防止烤成硬黄烟（图 8-16）或青黄烟（图 8-17）。

图 8-16　硬黄烟　　　　　　　图 8-17　含水量少的青黄烟

五是烧火要稳，匀速升温，防止掉温、急速升温和排湿不畅（图 8-18）；适当延长 55～56℃的稳温时间，以提高烟叶香气浓度；全炉叶片未干，干球温度不得超过 60℃；升温不大于每小时 2℃；不高温高湿和掉温。

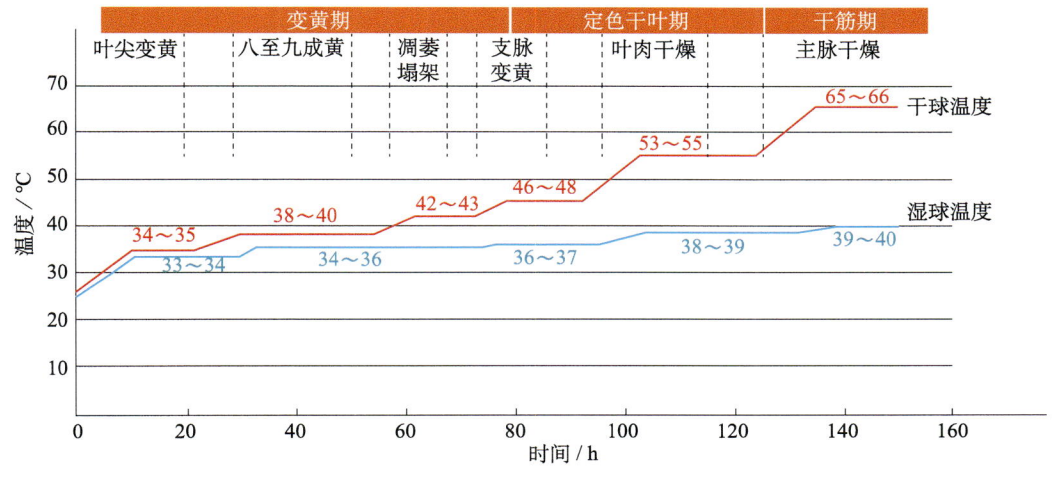

图 8-18　烤烟温度控制

5. 总结

用气流下降式烤房烘烤烟叶，烤烟精细化密集烘烤基本工艺如表 8-1 所示。

烤烟精细化密集烘烤基本工艺（气流下降式烤房）

阶段	变黄阶段			定色阶段		干筋阶段
	一（起步）	二	三	四	五	六
干球/℃	33→36	38	42	47→50	54	58→68
湿球/℃	32→35	36.5	36.5	37→38	39	39→41→42
时间/h	3+7	2+22	8+12~18	10+12~20	12+2	8+6
目标说明	起点温度升温速度1℃/h；稳温6~8 h，使顶棚叶黄尖10 cm左右	升温速度1℃/h；稳温20~24 h，使顶棚叶变为8成黄，片软	升温速度1℃/2 h；稳温12 h以上，使顶棚叶主脉变为9成黄目主脉软	升温速度1℃/2 h；稳温16~24 h，使顶棚烟筋变黄，小卷筒	升温速度1℃/2 h；稳温12 h以上，底棚叶大卷筒（干片）；底棚烟叶烟筋变黄，小卷筒	升温速度1℃/3 h；缩小坑内温差，加快了低温区烟叶干燥；升温速度1℃/2 h；使全炉烟叶干筋
风机	水分大时高速运转2~3 h	通常低速运转		通常高速运转		低速运转
目标烟叶照片	（顶棚叶黄尖）			（烟叶变黄小卷筒）		（全炉烟叶干筋）

注：挂竿烘烤或烟夹烘烤装烟量≤4 000 kg 左右时

第九章
烟叶分级加工

一、烟叶初分

将出炉后的烟叶 3 d 内做好以去青、去杂、去除非烟物质为主的烟叶初分工作（图 9-1）。

初分标准要求为：烟叶青、杂比例不超过 5%，混部比例不超过 10%，无非烟物质，烟叶水分含量达到 16%～18%。

初分后的烟叶按炉次、部位分类存放。烟叶存储过程中要防晒、防褪色、防潮、防霉变。

图 9-1　烟叶初分

二、烟叶预检

预检员按预检质量标准逐户进行烟叶预检（图 9-2）。初分预检合格烟叶，由预检员开具"烟叶预检合格单"，烟农签字认可并留存作为交售凭据。对于达不到要求的烟叶，要指导烟农重新加工。

预检合格的烟叶按每捆约 10 kg 进行打捆，预检员当面监督封签，并约时、约量、分部位到站交售。

图 9-2　烟叶预检

三、烟叶交售

烟农按照轮流交售时间表，携带预检合格单、合同本、身份证、IC 卡到指定烟站对预检合格烟叶进行交售。

第二部分

广西 K326 烟草生产技术研究论文集

烤烟专用有机－无机复混肥对烟草生长的影响

农世英[1]，宋战峰[1]，张得平[1]，冯佳[2]，王杰[2]，卢燕回[1*]

（1. 中国烟草总公司广西壮族自治区公司；2. 中国农业科学院烟草研究所；*. 通信作者）

摘要：为了探究烤烟专用有机－无机复混肥对烤烟K326生长的影响。在广西百色植烟区采用田间试验的方法，以K326为试验材料，设置不同施肥量处理，以当地常规施肥处理为对照。在追肥时间和次数一致的情况下，研究常规施肥和烤烟专用有机－无机复混肥对K326产质量的影响。结果表明，以施用120 kg/亩烤烟专用有机－无机复混肥处理效果最佳，其株高、茎围和上部叶叶长和叶宽分别较CK组增加了4.22%、3.00%、4.85%和2.25%，促生效果显著；烟株抵御病害能力增强，常见病害发生率降低29.26%～52.53%，产量和产值分别较常规对照增加8.96%和13.41%，经济效益显著；同时烟叶化学成分协调性和物理特性均在适宜范围内，且香气质较好，杂气和刺激性明显减少，余味舒适，浓度适中。综合来看，施用120 kg/亩烤烟专用有机－无机复混肥，能有效改善K326烟株农艺性状，降低病害发生率，增加经济效益，同时烟叶化学成分协调性、物理特性和感官质量均有所提升，可在广西K326种植区推广使用。

关键词：K326；烤烟专用有机－无机复混肥；产量；品质

土壤的养分状况直接影响烤烟的生长发育，在生产环境和品种相同的情况下，施肥是调节烤烟产质量的关键技术[1-3]。由于烤烟复种指数不断提高，过量施用化肥容易导致植烟土壤有机质含量下降，微生物群落丰度和活性降低，土壤酸化、板结严重，进而造成烟草品质下降，不仅损害了烟农自身利益，同时严重威胁我国烟草产业的可持续发展[4-7]。有机肥对土壤肥力的提升和理化性状的改善有着重要意义，但有效养分含量相对较低，且肥效缓慢，难以满足大田阶段烤烟对养分的大量需求[8-9]。因此，烤烟施肥应坚持有机肥和无机肥相配合的原则。张建祥等[10]研究表明，有机－无机复混肥可以明显改善烟株田间营养状况，加强烟株长势，提高烟叶的产量和产值。谢永平等[11]研究发现，有机－无机专用肥处理的烟株干物质重量增加，烟碱、总氮和蛋白质含量降低，烟叶内在质量大幅提高。范才银等[12]研究发现，颗粒有机－无机复混肥可以促进烟叶生长，农艺性状表现较好，经济性状提升显著，烟叶外观质量和内在化学成分更加协调。佘文凯等[13]研究表明，有机－无机复混肥中的氮素在水平方向上扩散迁移速度比复合肥氮素慢，养分释放速度更适合烤烟生长对氮素营养的需求规律。百色地处黔、桂、滇三省区交界处，是广西最适烤烟种植区之一，但是在烤烟生产中，长期单一施用化肥，导致土壤养分失衡，严重影响百色烤烟的产量和品质[14]。同时，百色又是花生主要种植地之一，花生产业下端的花生麸废弃物较多，通过花生麸制作有机肥可以实现农业固废的循环[15]。鉴于此，本研究将发酵后的花生麸与无机肥复配，形成烤烟专用有机－无机复混肥，研究其对百色烟区主栽品种 K326 农艺性状、病虫害防治和烟叶产质量的影响。本研究以期形成适合当地优质、高效、环保的新型施肥技术体系，为进一步提高百色烤烟 K326 产质量提供数据支持和参考依据。

1 材料与方法

1.1 试验地概况

田间试验于 2021 年在广西壮族自治区百色市靖西市化峒镇，属亚热带季风气候，年平均气温 19～22.1 ℃，年降水量 1 113～1 713 mm，光热资源充足，雨量充沛。前茬作物为水稻，供试土壤为水稻土，含铵态氮 3.16 mg/kg、硝态氮 0.78 mg/kg、速效磷 10.9 mg/kg、速效钾 142 mg/kg、有机质 25.5 g/kg，pH 7.64。

1.2 试验材料

供试烟草品种：烤烟 K326。

烤烟专用有机－无机复混肥：$N+P_2O_5+K_2O \geqslant 35.0\%$（N 6%、$P_2O_5$ 9%、K_2O 21%），有机质含量 20%（发酵有机质为花生麸），$B+Zn+Mg \geqslant 0.3\%$，有效活菌数 $\geqslant 0.2$ 亿/g（枯草芽孢杆菌、胶冻样芽孢杆菌）。该配方按照当地烤烟生产技术方案施用肥料所需的 N、P、K 比例进行优化所得，由山东施可丰生物科技有限公司生产。

1.3 试验设计

试验采取随机区组设计，共设置 4 个处理，施肥量根据当地烤烟需肥特点进行设置，每处理 3 次重复，共 12 个小区，小区面积为 50 亩，行距、株距和种植密度与当地烤烟大田生产一致。

T1：每亩施用烤烟专用有机－无机复混肥 100 kg，80 kg 作为基肥，在起垄时施用，剩余 20 kg 作为追肥。

T2：每亩施用烤烟专用有机－无机复混肥 120 kg，100 kg 作为基肥，在起垄时施用，剩余 20 kg 作为追肥。

T3：每亩施用烤烟专用有机－无机复混肥 150 kg，100 kg 作为基肥，在起垄时施用，剩余 50 kg 作为追肥。

CK：每亩施用 40 kg 复合肥（N 14%、P_2O_5 16%、K_2O 15%）、100 kg 牛粪、40 kg 花生麸、10 kg 硝酸钾、15 kg 硫酸钾。

移栽前，用 20% 精甲氰霜唑颗粒剂蘸根防治黑胫病，用 3% 春雷素·多粘菌悬浮剂蘸根防治青枯病；团棵期灌根第 2 次。大田移栽后 10 d，分别用 80% 波尔多液可湿性粉剂 500 倍液和 8% 宁南霉素水剂 1 200 倍液喷雾防治叶斑病和病毒病，间隔 10 d 喷 1 次，连喷 2～3 次。本试验中的处理和对照只在肥料使用量上不同，其他方面均保持一致。

1.4 调查项目

1.4.1 农艺性状和经济性状测定

每个处理随机选择生长较一致的烟株 20 株，在团棵期、旺长期、封顶期进行观测记载，按 YC/T 142—2010 标准对株高、茎围、节距、有效叶片数、上部叶和中部叶长、宽进行调查统计，并对调查烟株进行标记，于烟叶成熟期分别采摘，进行测产、分级，依据当年产区烟叶收购价格进行经济性状分析。

1.4.2 病害发生情况调查

结合当地病害发生特点，于病害高发期按 GB/T 23222—2008《烟草病虫害分级及调查方法》调查烟草青枯病、黑胫病、赤星病、普通花叶病、气候斑点病等病害发病率和病情指数。

1.4.3 烟叶化学成分、物理特性及感官质量评价

采烤结束后，对烟叶总糖、还原糖、总氮、烟碱、钾和氯等化学成分和烟叶物理特性进行测定，同时组织专业人员对烟叶感官质量进行评价。

1.5 数据处理

用 Excel 2016 对试验数据进行基本计算和数据分析，用 IBM Statistics SPSS 19.0 软件进行单因素方差分析，用 LSD 法进行显著性检验。

2 结果与分析

2.1 烤烟专用有机 – 无机复混肥对 K326 农艺性状的影响

如表 1 所示，不同生育期各处理对烤烟株高的影响不同，其中团棵期和旺长期各处理趋势一致，以 T3 和 CK 表现最优，其他处理差异不显著，封顶期以 T3 表现最优，T2 和 T1 次之。不同生育期各处理对烟株茎围的影响差异较大，表现为团棵期 T2 和 T3 相当，CK 高于 T1，旺长期 T3＞CK＞T2＞T1，封顶期以 T3 增加最为显著，T2 和 T1 次之。各处理在不同生育期对烟株节距影响趋势一致，表现为 T3＞T2＞T1＞CK，对有效叶片数则没有影响。不同处理对中、上部叶叶长和叶宽的影响在不同生育期表现也不同，对中部叶长和叶宽的影响表现为团棵期以 T3 表现最佳，其次为 T2、CK 和 T1，旺长期和封顶期趋势一致，表现为 T2 最佳，T3、CK 和 T1 次之；对上部叶长和叶宽的影响与中部叶基本一致。总体来看，以 T2 的农艺性状表现最好，其株高、茎围、上部叶叶长和叶宽分别较 CK 组增加了 4.22%、3.00%、4.85% 和 2.25%，表明烤烟专用有机 – 无机复混肥能有效促进 K326 的生长发育。

表 1 烤烟专用有机 – 无机复混肥对 K326 品种农艺性状的影响

生育期	处理	株高/cm	茎围/cm	节距/cm	有效叶片数/片	中部叶/cm 宽	中部叶/cm 长	上部叶/cm 宽	上部叶/cm 长
团棵期	T1	17.2b	6.1b	0.95b	10b	24.0c	36.1d	9.8c	27.3c
	T2	17.4b	6.2a	0.95b	10b	24.9b	36.7b	10.3a	28.9a
	T3	17.8a	6.2a	0.96a	10b	25.1a	36.9a	10.1a	28.8b
	CK	17.5b	6.2a	0.92c	10b	24.6b	36.5c	10.0b	28.6b
旺长期	T1	81.9c	9.0d	3.58c	18a	31.8c	65.4d	22.7d	33.1c
	T2	82.0b	9.2c	3.65b	18a	33.2a	67.1a	23.8a	34.2a
	T3	83.1a	9.9a	3.78a	18a	32.9b	66.9b	23.4b	33.9b
	CK	82.5b	9.6b	3.53d	18a	32.7b	66.7c	23.1c	33.8b
封顶期	T1	108.5b	10.2b	6.10c	18a	32.8d	81.5b	22.7d	74.5d
	T2	108.7b	10.3b	6.28b	18a	34.3a	83.2a	24.2a	77.4a
	T3	108.9a	10.5a	6.32a	18a	33.9b	82.7b	23.8b	76.1b
	CK	104.3d	10.0c	6.02d	18a	33.5c	82.1c	23.2c	75.7c

注：同列不同字母表示差异显著（$P<0.05$）。

2.2 烤烟专用有机-无机复混肥对K326病害发生的影响

施用烤烟专用有机-无机复混肥对K326病害发生的影响如表2所示。不同处理赤星病、病毒病、黑胫病、青枯病、气候斑点病的发病率及病情指数均低于对照区,其他病害在试验地块均未发生。调查发现,T2烟田的赤星病、病毒病、黑胫病、青枯病、气候斑点病的病情指数为分别为1.05、1.03、2.18、3.11、2.29,而同地块施用常规肥料的小区(CK)赤星病、病毒病、黑胫病、青枯病、气候斑点病的病情指数分别为1.62、3.17、3.23、4.16、4.48,发病率分别较CK降低了52.53%、48.53%、37.05%、29.26%、50.05%,表明烤烟专用有机-无机复混肥能够增加烟株抵御病害的能力,氮、磷和钾营养平衡,有助于烟草免疫和生长发育的平衡,进而降低病害的发生。

表2 烤烟专用有机-无机复混肥对K326病害发生的影响

处理	赤星病		病毒病		黑胫病		青枯病		气候斑点病	
	病情指数	发病率/%	病情指数	发病率/%	病情指数	发病率/%	病情指数	发病率/%	病情指数	发病率/%
T1	1.49	5.21	2.61	5.66	2.87	10.02	3.35	10.04	3.79	7.44
T2	1.05	3.46	1.03	4.19	2.18	7.29	3.11	8.65	2.29	5.09
T3	1.17	3.65	1.57	4.25	2.25	7.73	3.21	8.81	2.63	5.27
CK	1.62	7.29	3.17	8.14	3.23	11.58	4.16	12.10	4.48	10.19

2.3 烤烟专用有机-无机复混肥对K326经济性状的影响

从表3可以看出,亩产量由高到低依次为T3>T2>CK>T1,亩产值、均价和中上等烟比例趋势一致,以T2表现最佳,T3次之,其中T2产量和产值分别较CK增加了8.96%和13.41%,主要是通过增加中、上等比例和均价,进而提高总产值。

表3 烤烟专用有机-无机复混肥对K326经济性状的影响

处理	产量/(kg/亩)	产值/(元/亩)	均价/(元/kg)	上等烟占比/%	中等烟占比/%
T1	133.4d	3 371.02c	25.27c	59.04d	24.52c
T2	155.7b	4 122.94a	26.48a	63.57a	26.23a
T3	159.7a	4 118.66a	25.79b	61.31b	25.69b
CK	142.9c	3 635.38b	25.44c	60.41c	24.63c

注:同列不同字母表示差异显著($P<0.05$)。

2.4 烤烟专用有机-无机复混肥对K326烟叶化学成分的影响

由表4可知,烤烟专用有机-无机复混肥对K326烟叶化学成分的影响主要表现在对总糖、还原糖和烟碱含量的影响。就中部叶而言，各处理总糖含量较 CK 增加了 11.28%～19.74%、还原糖较 CK 增加了 13.02%～22.40%、烟碱含量较 CK 降低了 6.97%～14.98%，其他化学成分影响不显著；就上部叶而言，各处理同样对总糖、还原糖和烟碱含量的影响较为显著，表现为总糖含量较 CK 增加了 12.44%～17.41%，还原糖较 CK 增加了 12.28%～18.71%，烟碱含量较 CK 降低了 20.10%～27.89%，且氯、钾和总氮的含量较 CK 也均有提升，且均在适宜范围。相对于中部叶来说，烤烟专用有机-无机复混肥对上部叶化学成分的影响较大，特别是烟碱含量显著降低。

在卷烟配方中，更加注重各部位化学成分的协调性，一般要求两糖比（还原糖/总糖）≥0.85，糖碱比上部叶 5～9、中部叶 6.5～11.5，氮碱比上部叶 0.6～0.8、中部叶 0.7～1.0，钾氯比≥4.0[16]。表 4 中，各处理两糖比除中部烟的 T1、CK 和上部烟的 T3 外，其他均在适宜范围内；各处理糖碱比和钾氯比均达标准要求，中、上部烟 CK 氮碱比偏低，其他均在适宜范围内。从烟叶化学成分协调性来看，中部烟叶化学成分协调性以 T2 表现最佳，其次为 T3，上部叶同样以 T2 表现最佳，其次是 T1，总体以 T2 化学成分协调性最好，更趋近于最佳值。

表 4　烤烟专用有机-无机复混肥对 K326 烟叶各化学成分的影响

部位	处理	总糖/%	还原糖/%	氯/%	烟碱/%	钾/%	总氮/%	糖碱比	氮碱比	两糖比	钾氯比
C3F	T1	25.7c	21.7c	0.23b	2.44d	2.33b	1.83b	10.53a	0.75a	0.84b	10.13a
	T2	27.3a	23.5a	0.35b	2.67c	2.43a	1.87b	10.22a	0.70b	0.86a	6.94c
	T3	26.2b	22.8b	0.37a	2.61b	2.44a	1.91a	10.04b	0.73a	0.87a	6.59c
	CK	22.8d	19.2c	0.26b	2.87a	2.31b	1.86b	7.94c	0.65c	0.84b	8.88b
B2F	T1	22.6b	19.8b	0.37b	2.87d	1.75b	2.09b	7.81a	0.73a	0.87a	4.73b
	T2	23.4a	20.3a	0.41a	2.96c	1.82a	2.11b	7.91a	0.71b	0.87a	4.44b
	T3	23.6a	19.2b	0.42a	3.18b	1.83a	2.34a	7.42b	0.74a	0.81b	4.36b
	CK	20.1d	17.1c	0.30b	3.98a	1.62b	2.07b	5.05c	0.52c	0.85a	5.40a

注：同列不同字母表示差异显著（$P<0.05$）。

2.5　烤烟专用有机-无机复混肥对 K326 烟叶物理特性的影响

烟叶物理特性是烟叶质量和烤烟复烤品质的重要构成因素和重要指标，包含烟叶单叶重、平衡含水率、厚度和柔软度等[17]。一般要求单叶重以 7～13 g 为宜、平衡含水率≥14%、叶片厚度 0.10～0.14 mm [18-20]，柔软度通常分为 4 个区间，分别为"柔软"（烟叶柔软度数值<40 mN）、"尚柔软"（烟叶柔软度数值 40～60 mN）、"平板"

（烟叶柔软度数值 60～80 mN）和"僵硬"（烟叶柔软度 >80 mN）[21]。由表 5 可以看出，从单叶重和叶片厚度来看，上部叶和中部叶均以 T2 表现最佳，且厚度略高于适宜范围；平衡含水率上、中部叶均达到标准要求；柔软度上部叶 T1、T2、T3 在"平板"范围内，而 CK 为"僵硬"，中部叶各处理均达到"柔软"标准要求。从烟叶物理特性总体表现来看，以 T2 表现最好，T3 次之。

表 5 烤烟专用有机 – 无机复混肥对 K326 烟叶物理特性的影响

部位	处理	单叶重 /g	平衡含水率 /%	厚度 /mm	柔软度 /mN
C3F	T1	10.51b	15.33a	0.11a	22.85b
	T2	11.44a	16.17a	0.16a	20.94c
	T3	10.67b	15.24a	0.13a	21.62b
	CK	10.27b	16.09a	0.12b	36.51a
B2F	T1	9.85b	15.87a	0.12c	77.39b
	T2	10.02a	15.22b	0.17a	65.47c
	T3	9.77b	16.11b	0.14b	63.59c
	CK	9.14c	15.81b	0.13b	85.27a

注：同列不同字母表示差异显著（$P < 0.05$）。

2.6 烤烟专用有机 – 无机复混肥对 K326 烟叶感官质量的影响

烟叶感官质量是评价烟叶质量和工业可用性的重要依据，也是判断烟叶质量的最终标准。从表 6 可以看出，中部叶香气量、香气质、杂气、透发性、浓度以 T2 得分最高，刺激性和劲头以 T3 得分最高，甜度和余味以 T1 得分最高，柔细度以 T1 和 T2 得分最高，总分以 T2 得分最高；上部叶除劲头以 T3 得分最高外，其他均以 T2 得分最高，总分以 T2 得分最高。

综合感官质量得分，由高到低依次为 T2、T3、T1 和 CK，上部叶和中部叶趋势一致，总体以 T2 感官质量表现较好，具体表现为香气质较好、杂气少、刺激性明显较小，烟叶的透发性和柔细度明显好于 CK，余味舒适，浓度适中。可见，烤烟专用有机 – 无机复混肥处理的烟叶感官质量好于当地常规肥料处理。

表 6 烤烟专用有机 – 无机复混肥对 K326 烟叶感官质量评分的影响

部位	处理	香气质	香气量	杂气	刺激性	透发性	柔细度	甜度	余味	浓度	劲头	总分
C3F	T1	5.3c	5.7b	5.5c	5.8a	5.6a	5.8a	5.6b	5.8a	5.6b	5.5b	56.2b
	T2	5.7a	5.9a	5.7a	5.8a	5.7a	5.8a	5.5a	5.7a	5.7b	5.6a	57.1a
	T3	5.6b	5.7b	5.6b	5.9a	5.6a	5.7b	5.5b	5.6a	5.6b	5.7a	56.5b
	CK	5.4b	5.6a	5.6b	5.6c	5.5b	5.7b	5.4a	5.6b	5.5a	5.5b	55.4c

续表

部位	处理	香气质	香气量	杂气	刺激性	透发性	柔细度	甜度	余味	浓度	劲头	总分
B2F	T1	5.1c	5.4c	5.2b	5.5b	5.4b	5.4b	5.4b	5.4b	5.8b	6.0a	54.6c
	T2	5.5a	5.6a	5.4a	5.6a	5.6a	5.6a	5.5a	5.5a	5.9a	5.9b	56.1a
	T3	5.4b	5.5b	5.3b	5.5b	5.4b	5.5c	5.3b	5.4b	5.8b	6.1a	55.2b
	CK	5.3c	5.4c	5.3b	5.4c	5.5a	5.4b	5.3b	5.3c	5.7c	6.0a	54.6c

注：同列不同字母表示差异显著（$P < 0.05$）。

3 讨论

合理施肥是增加烤烟产量和品质的基础，施肥量则是决定品种彰显自身质量风格关键因素之一[22]。有机－无机复混肥是一种既含有机质又含适量化肥的复混肥，具有养分全、肥效长、利用率高等特点，能够提供烟草生长所必需的N、P、K等多种无机养分，而其中有机质与土壤微生物结合形成有机肥复合体，能够改善根际营养，增强根系活力和吸收能力[10]。本研究针对百色烟区K326品种的需肥特点，将当地主推的有机质花生麸与N、P、K，以及微量元素和芽孢杆菌通过科学搭配，制成烤烟K326专用有机－无机复混肥。结果表明：施用烤烟专用有机－无机复混肥后，对烤烟农艺性状的影响在团棵期和封顶期时并不显著，但是由于烤烟专用有机－无机复混肥中有机肥能够持续、平稳地提供养分，在进入封顶期后，烟株的株高、茎围和叶长、宽显著提升，这与周文亮等[14]研究结果一致。同时，由于烤烟专用有机－无机复混肥在配制过程中添加了一定量的枯草芽孢杆菌和胶冻样芽孢杆菌，在一定程度上能有效抑制植烟土壤中的病原菌，枯草芽孢杆菌产生的一部分次级代谢产物能够诱导植物系统抗性、促进植株生长发育[23]。因此，烤烟专用有机－无机复混肥能有效提高烟株的抗病害能力，叶部病害和根茎病害显著低于常规施肥田块，均衡的养分有助于烟草免疫和生长发育的平衡，对烟草各类病害的蔓延发生起到一定的抑制和延缓作用。

通常情况下，衡量烟叶质量包括化学成分、物理特性和感官质量等诸多因素，其中烟叶化学成分与感官质量的关系非常密切，而物理特性则主要影响加工性能[24-25]。本试验条件下，施用烤烟专用有机－无机复混肥后，烟叶化学成分协调性更高，糖碱比、氮碱比、两糖比和钾氯比均在适宜范围内，说明烤烟专用有机－无机复混肥能有效改善烟叶品质，提高烟叶经济价值，这与胡亚杰等[16]研究结果一致。同时烟叶单叶重、平衡含水率、厚度和柔软度等物理特性均符合优质烤烟标准，且香气质较好，杂气和刺激性明显减少，余味舒适，浓度适中，烟叶感官质量得到明显改善。

烤烟K326品种自引入我国以来，在烟叶生产中表现出优良的农艺性状，获得了较高的经济效益，同时因其突出、独特的香型特点而深受卷烟企业的青睐[26]。近年来，广西烟区不断扩大 K326 的种植面积，其相关配套技术的研究和完善迫在眉睫，本研究针对 K326 在百色开展烤烟专用有机－无机复混肥研究，效果显著，该结果可为广西 K326 品种烟叶工业可用性提升以及烟叶生产提供科学理论依据，同时为后期复烤工艺参数设计和卷烟配方开发提供参考。

4 结论

综合烟叶产值、化学成分协调性、物理特性和感官质量，施用 120 kg/亩烤烟专用有机－无机复混肥，能有效改善 K326 烟株农艺性状，经济效益显著，且病害发生率降低，同时烟叶化学成分协调性、物理特性和感官质量均有所提升，可在广西百色 K326 种植区推广使用。

参考文献

[1] 胡健康，肖金胜，胡功军，等. 液体肥料控制定量施用对烤烟产量及质量的影响 [J]. 现代农业科技，2012（21）：43，45.

[2] 马赞花，张义敏，何辑，等. 菌渣有机肥与复合肥配施条件下烤烟的生长发育情况 [J]. 中南农业科技，2024，45（3）：23-26.

[3] 宋兴宜，刘昌华，郭祥，等. 施用有机硅肥对提高烤烟农艺性状和质量的作用 [J]. 中南农业科技，2023，44（9）：3-5，16.

[4] VITOUSEK P M, NAYLOR R, CREWS T, et al. Nutrient imbalances in agricultural development[J]. Science, 2009, 324（5934）：1519-1520.

[5] 王树会，纳红艳，陈发荣，等. 有机肥与化肥配施对烤烟品质及土壤的影响 [J]. 中国农业科技导报，2011，13（4）：110-114.

[6] 李洪勋. 有机肥与烤烟生产关系的研究进展 [J]. 中国土壤与肥料，2007，（1）：5-8，12.

[7] 穆青，刘洋，展彬华，等. 我国植烟土壤主要问题及其防控措施研究进展 [J]. 江苏农业科学，2018，46（21）：16-20.

[8] 李阳波. 施肥对烤烟产质量及土壤微生物的影响 [D]. 重庆：西南大学，2015.

[9] 闫宏生，赵芳娟，闫润平. 烤烟的需肥特点与高效施肥技术 [J]. 科学种养，2013（5）：34.

[10] 张建祥，张富强. 有机无机复混肥对烤烟生长和产量质量的影响 [J]. 农家参谋，2018（12）：77-78.

[11] 谢永平，王家顺，陆引罡. 有机－无机烟草专用肥对烤烟品质、产量及产值的影响 [J]. 贵州农业科学，2007（6）：68-70.

[12] 范才银，陈智杰，谢龙杰，等．颗粒有机－无机复混肥料对常宁市烟叶生产的影响[J]．现代农业科技，2021（22）：1-3，6．

[13] 佘文凯，武丽，苟剑渝，等．有机无机复混肥在山地烤烟土壤中氮素的释放迁移[J]．安徽农业大学学报，2019，46（6）：1048-1054．

[14] 周文亮，赖洪敏，仝建华，等．施用复合有机肥对烤烟生长和烟叶品质的影响[J]．西南农业学报，2013，26（2）：647-652．

[15] 钟维，费永红，韦德斌，等．玉米与花生带状复合种植试验报告[J]．农业与技术，2016，36（18）：9，11．

[16] 胡亚杰，刘慧生，李群岭，等．烤烟专用有机无机复混肥对贺州旱地K326烟叶品质的影响[J]．广东农业科学，2022，49（7）：57-64．

[17] 余建飞，郑福维，卿湘涛，等．湘西烟区气候特征及其对烟叶外观质量和物理特性的影响[J]．甘肃农业大学学报，2018，53（5）：43-51，57．

[18] 王梦雅，谢新乔，许志文，等．玉溪烟区烟叶物理特性与气象因子的相关性[J]．热带农业科学，2023，43（6）：13-19．

[19] 李文娟，王娟，朱聿振，等．昆明不同烤烟品种初烤烟叶物理特性差异研究[J]．河南农业科学，2014，43（4）：43-47．

[20] 任汝周，杨雪彪，李佛琳，等．玉溪烟区K326烤烟品种干筋期烘烤工艺优化[J]．江苏农业科学，2018，46（21）：213-218．

[21] 占俊文，沈雪婷，何宽信，等．江西烤烟柔软度与物理特性的关系分析及适宜区间研究[J]．中国农业科技导报，2017，19（1）：131-137．

[22] 唐莉娜，陈顺辉．不同种类有机肥与化肥配施对烤烟生长和品质的影响[J]．中国农学通报，2008，24（11）：258-262．

[23] 杨启林．枯草芽孢杆菌J-15对植物系统抗性及生长发育的协同调控[D]．乌鲁木齐：新疆师范大学，2021．

[24] 郭鸿雁，田俊岭，周天宇，等．烟叶外观和评吸质量特征与化学成分间的关系研究[J]．化工管理，2023（32）：38-40．

[25] 张文军，郭松，杨柳，等．上部烟叶一次性采收成熟度对烟叶物理特性的影响[J]．农学学报，2023，13（6）：80-85．

[26] 方明，邱坤，谭方利，等．郴州烤烟K326品种烘烤特性探究[J]．天津农业科学，2019，25（2）：23-27．

3 种不同烟草抑芽剂的田间抑芽效果研究

李俊霖[1]，黄崇俊[2]，石保峰[1]，韦学平[2]，韦建玉[1]，贾海江[1*]，张凤文[3]，冯佳[3]，王杰[3]

（1. 广西中烟工业有限责任公司原料部；2. 广西壮族自治区烟草公司百色市公司；3. 中国农业科学院烟草研究所；*. 通信作者）

摘要：为评估 30.2% 抑芽丹水剂（AS）、25% 氟节胺可分散油悬浮剂（OD）、36% 仲丁灵乳油（EC）对烟草腋芽的田间抑制效果。分别以 30.2% 抑芽丹 AS、25% 氟节胺 OD、36% 仲丁灵 EC 各 2 个有效成分用量，于 2019 年和 2020 年分别在山东省和云南省进行田间药效对比试验。结果显示，25% 氟节胺 OD 和 36% 仲丁灵 EC 的抑芽率分别为 66.43%～72.54% 和 70.55%～80.42%，抑芽效果均高于 82；30.2% 抑芽丹 AS 的抑芽率为 53.74%～70.40%，抑芽效果均高于 73%。其中，36% 仲丁灵 EC 的抑芽效果最佳，增产作用显著，增产率达 22.64%，同时能显著提高烟草中烟碱、总糖和还原糖的含量，提高烟草品质。本研究表明，36% 仲丁灵 EC 稀释 80 倍施用对烟草的抑芽效果最佳，且能增加烟草产量和品质。

关键词：烟草腋芽；抑芽剂；抑芽效果；烟草产质量

为了减少烟叶内养分的消耗，提高烟叶产量和品质，在烟株生长后期须及时打顶，以防止现蕾后烟叶中大量营养物质流向生殖器官[1]。但打顶后会导致烟草腋芽快速萌发生长，从而影响主茎叶片的生长和发育，导致烟叶产量与质量的降低[2]。因此烤烟适时进行打顶并彻底抹芽有助于提高烟叶产量和质量[3]，但是人工抹芽不仅费时费工，

李俊霖，黄崇俊，石保峰，等 . 3 种不同烟草抑芽剂的田间抑芽效果研究 [J]. 生物灾害科学，2022，45（4）：463-468.

而且会增加传染病害的风险，即使把腋芽抹去，但烟叶的干物质损失也无法挽回。因此烟草打顶后，使用烟草抑芽剂抑芽是十分必要的[4]。

目前生产上常用的烟草抑芽剂主要有两大类：一类为内吸剂，其代表有马来酰肼又名抑芽丹（MH），能被烟草叶片吸收、输送或转移进而抑制分生组织的活动，从而抑制烟草腋芽生长[5]；另一类为触杀兼局部内吸剂，大多为二硝基苯胺类化合物，其代表有氟节胺、仲丁灵，能抑制腋芽生长点的细胞分裂，持效期较长[6]。研究表明，氟节胺[7-9]、仲丁灵[10-11]、抑芽丹[12]均能有效抑制腋芽生长，这3种药剂降解速度快，半衰期短，最终残留量远小于残留限量[13-14]，十分安全。

为探究氟节胺、仲丁灵、抑芽丹的田间使用效果，比较不同类型药剂在不同区域间的优劣，筛选出安全高效的抑芽剂，开展了两年两地田间药效试验。

1 材料与方法

1.1 试验材料

于2019年和2020年分别在山东省和云南省进行试验。供试土壤肥力中等，土地平整。种植品种均为中烟100。

供试药剂：30.2%抑芽丹水剂（重庆依尔双丰科技有限公司）；25%氟节胺可分散油悬浮剂（张掖市大弓农化有限公司）；36%仲丁灵乳油（潍坊中农联合化工有限公司）。

1.2 试验设计

A：30.2%抑芽丹水剂50倍；B：30.2%抑芽丹水剂40倍液；C：25%氟节胺可分散油悬浮剂450倍液；D：25%氟节胺可分散油悬浮剂400倍液；E：36%仲丁灵乳油100倍液；F：36%仲丁灵乳油80倍液；G：人工抹芽，打顶后抹芽并每隔10 d抹芽1次；CK：仅打顶，试验期间不抹芽。处理A～F均在打顶后杯淋施药1次。

试验共设置8个处理，每处理4次重复，共36个小区。各小区随机排列，每小区挂牌标记50株，待50%中心花开放打顶并抹去超过2 cm的腋芽后施药。施药时用塑料杯从植株顶部浇淋，使药液沿主茎流下并浸湿所有腋芽，施药量为20 mL/株。

1.3 调查方法

每小区3个点，每点随机标记20株烟草，分别在施药后15 d、30 d、40 d调查超过2 cm腋芽数量，最后一次调查时一并取腋芽称鲜重。收获期各小区收获测产并分别取样进行品质测定。

1.4 数据处理

运用 SPSS 18 对数据进行统计学分析、相关性分析。

2 结果

2.1 各处理对烟芽的抑制效果

两年两地的试验结果表明（表 1、表 2），药后 40 d 时，抑芽剂处理组抑芽率在 53.74%～80.42%，抑芽效果为 73.23%～90.52%，均表现出良好的抑芽效果。人工抹芽抑芽率和抑芽效果均在 50% 上下，显著低于药剂处理组。

局部内吸型抑芽剂氟节胺（C、D）和仲丁灵（E、F）处理组的抑芽率分别为 66.43%～72.54% 及 70.55%～80.42%，抑芽效果均高于 82%；内吸型抑芽剂抑芽丹处理组（A、B）的抑芽率为 53.74%～70.40%，抑芽效果均高于 73%。且两种局部内吸型抑芽剂的抑芽率、抑芽效果均显著优于内吸型抑芽剂抑芽丹，其中仲丁灵处理组的抑芽率均高于 70%，显著优于氟节胺处理组。

表 1　抑芽剂在山东烟田对烟草的抑芽效果

年份	处理	施药后 15 d		施药后 30 d		施药后 40 d			
		活芽数/个	抑芽率/%	活芽数/个	抑芽率/%	活芽数/个	抑芽率/%	腋芽鲜重/g	抑芽效果/%
2019 年	A	3.15e	61.77e	4.32d	63.27d	6.19f	53.74d	80.56e	74.83d
	B	2.76d	66.50d	3.44c	70.75bc	5.17d	61.36c	65.28d	79.61cd
	C	2.39c	71.00c	3.19c	72.87bc	4.02bc	69.96b	56.52cb	82.34c
	D	1.82b	77.91b	2.93b	75.09b	3.81b	71.52b	54.05b	83.11bc
	E	1.55b	81.19ab	2.26a	80.78a	2.98a	77.73ab	45.56ab	85.77b
	F	1.30a	84.22a	2.05a	82.57a	2.62a	80.42a	35.01a	89.06a
	G	3.38e	58.98f	5.79f	50.77e	6.68f	50.07e	138.84f	56.63e
	CK	8.24	—	11.76	—	13.38	—	320.10	—
2020 年	A	3.12e	65.75c	4.39c	65.35b	6.16cd	60.23d	85.72d	75.33d
	B	2.93d	67.84c	4.20c	66.85b	5.80c	62.56c	61.11c	82.41c
	C	1.98b	78.27b	3.14b	75.22ab	5.20c	66.43cd	55.87c	83.92bc
	D	1.72b	81.12ab	2.93a	76.87ab	4.76b	69.27c	50.88bc	85.36b
	E	1.58b	82.66ab	2.79a	77.98ab	3.95a	74.50b	46.95b	86.49b
	F	1.43b	84.30a	2.46a	80.58a	3.16a	79.60a	32.95a	90.52a
	G	3.74e	58.95d	5.86d	53.75c	7.09d	54.23e	157.61e	54.64e
	CK	9.11	—	12.67	—	15.49	—	347.43	—

注：同列不同字母表示差异显著（$P < 0.05$）。

表2 抑芽剂在云南烟田对烟草的抑芽效果

年份	处理	施药后15 d 活芽数/个	抑芽率/%	施药后30 d 活芽数/个	抑芽率/%	施药后40 d 活芽数/个	抑芽率/%	腋芽鲜重/g	抑芽效果/%
2019年	A	3.87bc	65.23d	4.90cd	68.59d	7.28c	64.68d	110.91cd	75.37d
	B	3.52bc	68.37c	4.44cd	71.54c	6.10b	70.40bc	85.14d	81.09cd
	C	2.33b	79.07b	3.67b	76.47bc	6.23b	69.77cd	73.90c	83.59c
	D	1.77a	84.10a	3.42a	78.08b	5.66a	72.54b	71.27c	84.17c
	E	1.90a	82.93ab	3.48a	77.69b	6.07b	70.55bc	58.43b	87.02b
	F	1.85a	83.38a	3.03a	80.58a	5.32a	74.19a	44.56a	90.10a
	G	4.33d	61.10e	7.30e	53.21e	10.21e	50.46e	192.64e	57.22e
	CK	11.13	—	15.60	—	20.61	—	450.32	—
2020年	A	3.58c	63.21c	4.75d	65.33d	6.75d	62.18c	92.42e	73.23e
	B	3.24c	66.70b	4.17d	69.56c	6.19cd	65.32b	70.95d	79.45d
	C	2.32b	76.16ab	3.72c	72.85b	5.95c	66.67b	61.59cd	82.16c
	D	2.21b	77.29ab	2.99a	78.18a	5.28b	70.42a	59.40c	82.80c
	E	1.97a	79.75a	3.49b	74.53b	5.16b	71.09a	48.69b	85.90b
	F	1.92a	80.27a	3.28b	76.06ab	4.87a	72.72a	37.14a	89.24a
	G	3.96d	59.30d	6.75e	50.73e	9.00e	49.58d	160.53f	53.51f
	CK	9.73	—	13.70	—	17.85	—	345.27	—

注：同列不同字母表示差异显著（$P<0.05$）。

2.2 各处理对烟草产量的影响

由表3可知，抑芽剂处理和人工抹芽均显著提高烟草产量，与不抹芽空白对照相比增长率均超过10%，且抑芽剂处理组产量均高于人工抹芽处理（G）。其中36%仲丁灵乳油80倍处理（F）在两年两地试验中，平均增产率为22.64%，增产效果最为明显。

表3 抑芽剂对烟草产量的影响

试验地点	处理	2019年 产量/(kg/hm²)	增产率/%	2020年 产量/(kg/hm²)	增产率/%
山东	A	2 139.45	14.03d	2 074.35	12.34c
	B	2 212.05ab	17.90b	2 170.65b	17.55bc
	C	2 163.90b	15.33c	2 150.40b	16.46bc
	D	2 191.80b	16.82bc	2 191.20b	18.67b
	E	2 179.05b	16.14bc	2 214.75ab	19.94b

续表

试验地点	处理	2019 年		2020 年	
		产量/（kg/hm²）	增产率/%	产量/（kg/hm²）	增产率/%
山东	F	2 254.50a	20.16a	2 279.25a	23.44a
	G	2 089.65c	11.38e	2 063.10c	11.73d
	CK	1 876.20	—	1 846.50	—
云南	A	2 232.00c	13.29d	2 178.15c	12.07d
	B	2 265.90c	15.01cd	2 223.00bc	14.38c
	C	2 306.55c	17.07c	2 263.35bc	16.45bc
	D	2 354.25b	19.49b	2 266.20bc	16.60bc
	E	2 373.15b	20.45b	2 284.35b	17.53b
	F	2 427.60a	23.21a	2 404.95a	23.74a
	G	2 170.50d	10.16e	2 143.80d	10.30e
	CK	1 970.25	—	1 943.55	—

注：同列不同字母表示差异显著（$P < 0.05$）。

2.3 各处理对烟草品质的影响

由表 4、表 5 可知，与空白对照（CK）相比，施用抑芽剂和人工抹芽均能显著提高烟草中烟碱、总糖和还原糖的含量和施木克值。山东地区最高分别增加 0.21%、1.02%、1.23%、0.30%；云南地区最高分别增加 0.14%、2.16%、2.43%、0.53%，两地均以总糖和还原糖增加最为显著。且抹芽后叶片中总氮和蛋白质含量显著降低，山东烟区最高分别下降 0.22%、0.96%，云南烟区最高分别下降 0.18%、1.59%；云南烟区糖碱比较空白对照（CK）最高增加 0.80，而山东烟区差异不显著。所以使用抑芽剂或人工抹芽均能在一定程度上提高烟草品质，且这两种处理方式间大部分品质指标差异不显著。

表 4 抑芽剂对山东烟田烟草品质的影响

年份	处理	烟碱/%	总氮/%	总糖/%	还原糖/%	蛋白质/%	施木克值	糖碱比
2019 年	A	2.60ab	1.66d	24.13d	20.84b	11.47c	2.10bc	9.25d
	B	2.53c	1.77b	25.06ab	20.75b	11.40cd	2.20a	9.91ab
	C	2.52c	1.67d	24.92abc	20.89b	11.47c	2.17ab	9.89abc
	D	2.54bc	1.74bc	25.35a	21.02a	11.33d	2.24a	9.98a
	E	2.63a	1.73bc	24.53bc	21.20a	11.45cd	2.14abc	9.33d
	F	2.54bc	1.77b	24.50bc	20.34c	11.42cd	2.15ab	9.65c
	G	2.56abc	1.76b	24.97ab	20.31c	11.72b	2.13abc	9.75bc
	CK	2.46d	1.88a	24.33cd	20.08d	12.29a	1.98c	9.89abc

续表

年份	处理	烟碱/%	总氮/%	总糖/%	还原糖/%	蛋白质/%	施木克值	糖碱比
2020年	A	2.58bc	1.77b	25.27ab	20.51bc	11.23cd	2.25ab	9.79b
	B	2.55cd	1.79b	25.39a	20.62b	11.06d	2.30a	9.96a
	C	2.63ab	1.81ab	24.85b	20.04d	11.65bc	2.13bc	9.45c
	D	2.63ab	1.77b	25.23ab	20.23c	11.28cd	2.24ab	9.59bc
	E	2.64a	1.74bc	24.43c	20.52bc	11.74b	2.08c	9.25d
	F	2.59abc	1.72bc	23.93d	21.20a	11.59bcd	2.06c	9.24d
	G	2.57bc	1.69c	24.42c	20.83ab	11.15d	2.19bc	9.50c
	CK	2.43d	1.84a	23.48e	19.97e	12.06a	1.95d	9.66bc

注：同列不同字母表示差异显著（$P<0.05$）。

表5　抑芽剂对云南烟田烟草品质的影响

年份	处理	烟碱/%	总氮/%	总糖/%	还原糖/%	蛋白质/%	施木克值	糖碱比
2019年	A	2.31bc	1.73bc	25.73b	22.37b	10.16c	2.53b	11.14abc
	B	2.32bc	1.76ab	26.35a	22.31b	10.03cd	2.63ab	11.36a
	C	2.40a	1.72bc	26.34a	22.89a	9.94d	2.65ab	10.98bc
	D	2.25c	1.70c	25.04d	21.63d	10.41b	2.41c	11.13abc
	E	2.34abc	1.76ab	25.78b	21.94c	10.14c	2.54b	11.02bc
	F	2.28c	1.66	25.47c	21.73cd	10.46b	2.43c	11.17ab
	G	2.37ab	1.75abc	26.20ab	22.41b	9.72d	2.70a	11.05bc
	CK	2.28c	1.80a	24.45e	21.56d	10.97a	2.23d	10.72c
2020年	A	2.29b	1.65bc	25.44cd	21.65c	10.37b	2.45bc	11.11bcd
	B	2.28bc	1.66bc	26.43a	22.37b	9.70d	2.72a	11.59a
	C	2.39a	1.74ab	25.13d	22.36b	10.34b	2.43bc	10.51d
	D	2.38a	1.68b	25.83bcd	22.96a	10.05c	2.57b	10.85cd
	E	2.31ab	1.64bcd	25.91bc	21.91c	9.84d	2.63ab	11.22bc
	F	2.28b	1.64bcd	25.83bcd	22.04bc	10.13bc	2.55b	11.33b
	G	2.38a	1.75ab	26.00b	22.91a	9.68e	2.69ab	10.92cd
	CK	2.25c	1.82a	24.27e	20.62d	11.24a	2.16c	10.79cd

注：同列不同字母表示差异显著（$P<0.05$）。

3　讨论

试验结果表明，在烟草打顶后采用杯淋法施用氟节胺、仲丁灵、抑芽丹这3种抑芽剂在试验剂量下都能极大地减少烟草腋芽的产生、抑制数残存腋芽的生长，同时能提高烟草产量，并一定程度地改善烟草的品质。两种局部内吸型抑芽剂的效果均优于内吸型抑芽剂，其中仲丁灵乳油 80 倍处理效果最佳，其次是仲丁灵和抑芽丹。这与黄石旺等[5]的研究结果相同。分析原因除了药剂性质的差异外，可能与施药方式有关。杯淋施药时，药液主要接触腋芽和茎秆与喷雾施药相比接触面积小，导致吸收量少。

烟草的品质是由烟叶中若干化学成分协调作用的结果[15-17]，因此研究中常常采用一些化学成分的比值进行评价。通常施木克值用来评价烤烟的吃味和刺激性[18]，糖碱比用来评价烤烟的香味和柔和性[19]。试验中发现，施用抑芽剂能显著提高这些施木克、糖碱比等指标，这可能与抑芽腋芽产生，减少干物质损失有关。也有研究表明杯淋氟节胺能提高烟草叶片的淀粉酶、转化酶、蔗糖合成酶活性和碳氮代谢协调性[20]，进而提高烟草品质。

4　结论

试验中 3 种抑芽剂都对烟草具有良好的抑芽率和抑芽效果，其抑芽率为 36% 仲丁灵 EC > 25% 氟节胺 OD > 30.2% 抑芽丹 AS。36% 仲丁灵 EC 的 80 倍稀释液对烟草增产显著，达到 22.64%，且能提升烟叶品质，所以推荐田间施用 36% 仲丁灵 EC 的 80 倍稀释液对烟草进行抑芽处理。

参考文献

[1] 李更新. 不同抑芽剂对烟草腋芽抑制效果研究 [J]. 园艺与种苗，2011（4）：40-42.

[2] 郑雄志，李宏光，易图永，等. 六种烟草抑芽剂对烟芽抑制效果的研究 [J]. 湖南农业科学，2013（1）：2.

[3] 洪其琨. 烟草化学抑芽剂的进展与应用 [J]. 中国烟草，1982（4）：24-26.

[4] 王凤龙，时焦，杨德廉. 烟草抑芽剂进展与应用 [J]. 中国烟草科学，1996，3（3）：34-38.

[5] 黄石旺，周向平，王兵万，等. 两类烟草抑芽剂田间抑芽效果 [J]. 湖南农业大学学报（自然科学版），2005（2）：156-158.

[6] 吴春江. 我国烟草常用抑芽剂及使用 [J]. 浙江化工，2003，34（10）：15.

[7] 邱荣俊，申昌优，刘润生，等. 12.5% 氟节胺 EC（控打）田间抑芽效果研究 [J]. 农业科技通讯，2018，556（4）：161-163.

[8] 冯小虎，张蕊，吴金福，等. 不同抑芽剂及稀释浓度对烤烟的抑芽效果研究 [J]. 江西农业，2017（22）：19.

[9] 赖李振，黄珍平，阴长林，等. 烟草抑芽剂抑芽效果的比较研究 [J]. 安徽农业科学，2014，42

（36）：12860-12861，12864.

[10] 邓海滨，陈永明，刘小平，等. 几种抑芽剂对烤烟腋芽的控制效果研究 [J]. 广东农业科学，2007，34（1）：18-20.

[11] 吕婉茹，孟泉科，张利，等. 提升低浓度下仲丁灵对烟草腋芽抑制效果的探索研究 [J]. 安徽农业科学，2015，43（13）：35-36.

[12] 范启福，王鑫，郭学清，等. 不同抑芽剂对烟芽的抑制效果研究 [J]. 现代农业科技，2009（23）：157.

[13] 郑晓，徐金丽，徐光军. 抑芽丹在烟草上的消解趋势及安全性评价 [J]. 中国烟草科学，2017，38（3）：51-55.

[14] 李义强，相振波，徐光军，等. 抑芽剂残留在烟草种植、储存和燃吸过程的降解与风险评价 [J]. 中国烟草科学，2017，38（6）：28-33.

[15] 于建军，宫长荣. 烟草原料初加工 [M]. 北京：中国农业出版社，2009.

[16] 杨彩艳，莫丽娟，孙佩玲. 烟草化学成分及生物活性研究现状 [J]. 天然产物研究与开发，2016，28（10）：8.

[17] 李长江，温晓霞，孙渭，等. 陕南主栽烟草品种化学成分综合评价与分析 [J]. 西北农林科技大学学报（自然科学版），2013，41（7）：67-74.

[18] 吴灵，尹键，柴向锋，等. 烟草化学成分分析研究进展 [J]. 株洲师范高等专科学校学报，2002（5）：19-22.

[19] 王利杰，卢红. 云南烤烟几个品质指标部位间关系研究 [J]. 西南农业学报，2008，21（6）：1555-1558.

[20] 王远，许嘉阳，任志广，等. 氟节胺对烤烟碳氮代谢及叶片超微结构的影响 [J]. 中国农业科技导报，2017，19（9）：34-41.

广西贺州 K326 植烟区土壤养分状况调查及适宜性分析

贾海江[1]，沈方科[2,3]，罗东福[4]，黄崇峻[4]，范晓苏[2,3]，首安发[4]，韦建玉[1]，顾明华[2,3]，石保峰[4]，张纪利[1]，周权能[2]

［1. 广西中烟工业有限责任公司；2. 广西大学；3. 植物科学国家级实验教学示范中心（广西大学）；4. 广西壮族自治区烟草公司贺州市公司］

摘要：评价广西贺州市 K326 植烟区土壤肥力状况，为高产优质烟叶生产提供参考。以贺州市 K326 烟区为评价单元，以约 6.67 hm^2 为一个采样单元对贺州市主产烟区采集 187 个土壤样品（富川县 140 个、钟山县 44 个、昭平县 3 个），测定土壤化学肥力指标，对土壤养分丰缺进行评价和适宜性分析。结果表明，贺州市 K326 烟区土壤养分肥力整体较好，有机质、氮营养供应充足，磷营养处于丰富水平，钾营养处于中等水平，部分区域钾营养供应不足，pH 总体处于中等至偏碱水平。植烟土壤钙营养供应过多，部分区域土壤镁供应不足，而硫营养供应较合适。钾钙镁供应平衡性差，钾镁比和钙镁比大于适宜范围的样本占比大，容易导致缺镁。植烟土壤的有效铜、锌、铁、锰供应充足，硼、钼普遍缺乏。通过土壤养分丰缺评价和适宜性分析，为贺州市 K326 烟区高产优质烟叶生产的施肥管理提供参考。

关键词：贺州植烟区；K326；土壤养分状况；适宜性；调查

广西贺州市是广西优质烟叶的主产区之一，对贺州市烟区植烟土壤肥力状况调查及适宜性评价，掌握植烟土壤肥力状况，可为贺州市高产优质烟叶生产的施肥管理提供

贾海江，沈方科，罗东福，等. 广西贺州 K326 植烟区土壤养分状况调查及适宜性分析 [J]. 安徽农业科学，2023，51（5）：159-165.

指导，同时也可以为植烟土壤的改良、保育提供参考，对贺州市烟叶产业可持续发展具有重要意义。土壤养分丰缺水平是影响烤烟生长及品质的重要因子。适宜的温度、养分及环境因子是生产高产优质烟叶的保证[1]。土壤养分的平衡供给和养分间的协调是生产高产优质烟叶的关键[2]。而土壤养分的来源又主要通过施肥实现，研究表明烟草产量对施肥的依赖性最大，施肥对烟叶产量的贡献率达94.7%[3]。土壤pH对烤烟生长有重要影响，植烟土壤pH也与土壤养分有效性有密切关系[4]。植烟土壤有机质对烤烟生长和品质也有重要影响，土壤有机质含量过高烤烟烟叶后期贪青晚熟，不易落黄，烟碱及蛋白质含量过高，色泽差，刺激性大，品质差；但土壤有机质含量过低时，所生产的烟叶同样香气不足，质量差[5]。氮、磷、钾是影响烟株生长发育和烟叶产量及品质的最重要元素，需求量大，需要通过施肥来提供，施肥量对产量和质量都具有重要的影响[6-8]。土壤中的中微量元素虽然在烟草体内含量甚微，但是烟株生长和烟叶产质量形成必不可少的营养元素。钙、镁、硫、铜、锌、铁、锰、硼、钼等中微量元素是烟叶体内酶的组成成分或活化剂，或者是植物细胞或组织的重要组成成分，参与烟叶植株体内各物质代谢过程，其对烟叶产质量也同样具有重要影响[9-17]。因此，在烤烟生产中根据土壤养分状况和烤烟营养需求及吸收规律进行施肥管理，才能生产出高产优质的烟叶。国内其他地方的一些烟区[18-20]和广西百色[21-23]、河池[24]烟区等已有植烟土壤的肥力评价及适宜性分析的相关研究，但鲜有广西贺州市K326烟区土壤养分状况评价的研究。笔者以贺州K326烟区植烟土壤为对象，调查土壤养分状况及对烤烟栽培适宜性分析，并提出施肥建议，为贺州市烤烟高产优质栽培生产的施肥管理提供参考。

1 材料与方法

1.1 样品采集

于2020年12月至2021年2月在贺州市K326烟区的富川、钟山、昭平3个烟叶主产区，以K326烤烟烟叶生产片区为采样单元，按约6.67 hm²一个样本采集植烟土壤样品，共采集土壤样品187个，其中富川县140个、钟山县44个、昭平县3个。土壤样品在烤烟移栽前采集，严格按照《土壤肥力普查土壤样品采样技术规范》的技术要求进行。

1.2 样品测定

选取土壤pH、有机质、全氮、碱解氮、有效磷、速效钾、缓效钾、交换性钙、交换性镁、有效硫、有效铜、有效锌、有效铁、有效锰、有效硼、有效钼等指标作为评价贺州市植烟区肥力的指标。土壤理化性质指标参照国家标准和农业行业标准测定方法测定。

1.3 数据处理与分析

采用 Excel 2019 和 SPSS 21.0 统计软件对试验数据进行处理和统计分析，K326 植烟土壤养分丰缺状况参照现有各地区相关植烟土壤肥力评价和适宜性研究结果[5, 18-28]及中国植烟土壤养分丰缺评价标准[29]，确定植烟土壤肥力指标适宜范围，建立贺州市 K326 植烟区土壤养分丰缺评价标准体系，并采用统计学方法对贺州市各县植烟区土壤肥力进行评价与适宜性分析。

2 结果与分析

2.1 贺州 K326 烟区植烟土壤化学肥力分析

参照表 1 植烟土壤养分含量丰缺评价标准参考值，开展贺州烟区植烟土壤肥力状况评价。

表 1　植烟土壤养分含量丰缺评价标准

等级	pH	有机质/ （g/kg）	全氮/ （g/kg）	碱解氮/ （mg/kg）	有效磷/ （mg/kg）	速效钾/ （mg/kg）	缓效钾/ （mg/kg）	交换性钙/ （mg/kg）
极低	<4.5	<10	<10	<40	<10	<80	<100	<300
较低	4.5～<5.5	10～<20	10～<20	40～<80	10～<15	80～<150	100～<200	300～<400
适宜	5.5～<7.0	20～<30	20～<30	80～<120	15～<30	150～<220	200～<300	400～<800
较高	7.0～7.5	30～40	30～40	120～150	30～40	220～350	300～400	800～1 200
极高	>7.5	>40	>40	>150	>40	>350	>400	>1 200

等级	交换性镁/ （mg/kg）	有效硫/ （mg/kg）	有效铜/ （mg/kg）	有效锌/ （mg/kg）	有效铁/ （mg/kg）	有效锰/ （mg/kg）	有效硼/ （mg/kg）	有效钼/ （mg/kg）
极低	<25	<7	<0.2	<0.5	<2.5	<1.0	<0.3	<0.10
较低	25～<50	7～<13	0.2～<0.5	0.5～<1.0	2.5～<4.5	1.0～<5.0	0.3～<0.5	0.10～<0.15
适宜	50～<100	13～<25	0.5～<1.0	1.0～<2.0	4.5～<10.0	5.0～<15.0	0.5～<1.0	0.15～<0.20
较高	100～150	25～40	1.0～3.0	2.0～4.0	10.0～20.0	15.0～30.0	1.0～3.0	0.20～0.30
极高	>150	>40	>3.0	>4.0	>20.0	>30.0	>3.0	>0.30

注：铜、锌、铁、锰、硼、钼评价标准参照全国第二次土壤普查结果。

2.1.1 土壤 pH

由表 1 可知，土壤 pH 在 5.5～<7.0 比较适宜烟草栽培，pH<4.5 或 >7.5 的情况下均不利于烟草的生长。由表 2 可知，富川县、钟山县、昭平县的 pH 分别在 5.09～8.52、5.06～8.38、5.97～7.32，平均值分别为 7.84、6.48、6.51。富川县土壤 pH 较高，86.43% 处于极高水平（>7.5）；钟山县 50.00% 的土壤 pH 比较适中；昭平县土壤 pH 处于适中和偏高水平。富川县植烟土壤的 pH 在适宜区范围的样本仅占 8.57%，而在适宜区范围以上的样本占 90.00%，说明该烟区植烟土壤 pH 过高，要注意碱性肥料的施用；钟山县植烟土壤的 pH 在较低至较高范围的样本仅占 75.00%，说明该烟区植烟土壤 pH 较合适。

表 2 贺州市植烟土壤 pH 状况

区域	范围	平均值	变异系数 /%	相应范围的样本占比 /%				
				极低	较低	适宜	较高	极高
富川县	5.09～8.52	7.84 ± 0.63	8.07	0.00	1.43	8.57	3.57	86.43
钟山县	5.06～8.38	6.48 ± 1.07	16.51	0.00	18.18	50.00	6.82	25.00
昭平县	5.97～7.32	6.51 ± 0.71	10.91	0.00	0.00	66.67	33.33	0.00

2.1.2 土壤有机质

由表 1 可知，植烟土壤的有机质含量为 20～<30 g/kg 比较适宜烟草生长。由表 3 可知，富川县、钟山县、昭平县烟区土壤有机质含量平均值分别为 33.17 g/kg、35.55 g/kg、26.70 g/kg。富川县、钟山县和昭平县植烟土壤有机质含量总体处于中高水平。富川县、钟山县和昭平县烟区土壤有机质含量在适宜及适宜区以上范围的样本分别占 90.71%、97.73% 和 100%，说明该烟区的植烟土壤有机质含量非常高；仅有 9.29%（富川县）、2.27%（钟山县）的位点有机质含量较低（<20 g/kg）。综上所述，贺州市植烟土壤有机质含量整体适宜烤烟的生长，仅个别点位存在极高或极低现象。

表 3 贺州市植烟土壤有机质丰缺状况

区域	范围 /(g/kg)	平均值 /(g/kg)	变异系数 /%	相应范围的样本占比 /%				
				极低	较低	适宜	较高	极高
富川县	10.37～63.48	33.17 ± 11.73	35.36	0.00	9.29	35.71	27.86	27.14
钟山县	13.12～63.71	13.12 ± 63.71	13.12～63.71	0.00	2.27	29.55	38.63	29.55
昭平县	20.41～32.74	20.41 ± 32.74	20.41～32.74	0.00	0.00	66.67	33.33	0.00

2.1.3 土壤氮、磷和钾

全氮含量为 1.0～<2.0 g/kg 的土壤最适宜烟草种植（表 1）。由表 4 可知，富川县、

钟山县和昭平县土壤全氮含量平均值分别为 1.78 g/kg、1.93 g/kg 和 1.44 g/kg。全氮含量处于适宜水平的样点分别占 56.43%（富川县）、50.00%（钟山县）、100.00%（昭平县）；较高水平样点占比分别为 25.00%（富川县）、40.91%（钟山县）。富川县烟区土壤氮、碱解氮含量在适宜及适宜区以上范围的样本分别占 92.86%、99.29%，钟山县烟区土壤全氮、碱解氮含量在适宜及适宜区以上范围的样本分别占 97.73%、68.18%，昭平县烟区土壤全氮、碱解氮含量在适宜及适宜区以上范围的样本分别占 100.00%、33.33%，说明贺州市烟区植烟土壤氮的化学肥力表征指标非常高。

表 4 贺州市植烟土壤氮、磷、钾丰缺状况

区域	全氮			相应范围的样本占比 /%				
	范围 /（g/kg）	平均值 /（g/kg）	变异系数 /%	极低	较低	适宜	较高	极高
富川县	0.59～3.46	1.78 ± 0.61	34.27	0.00	7.14	56.43	25.00	11.43
钟山县	0.75～3.37	1.93 ± 0.52	26.94	0.00	2.27	50.00	40.91	6.82
昭平县	1.19～1.72	1.44 ± 0.27	18.75	0.00	0.00	100.00	0.00	0.00

区域	碱解氮			相应范围的样本占比 /%				
	范围 /（g/kg）	平均值 /（g/kg）	变异系数 /%	极低	较低	适宜	较高	极高
富川县	76.02～435.62	197.78 ± 74.93	37.89	0.00	0.71	9.29	23.57	66.43
钟山县	48.68～166.78	93.32 ± 26.09	27.96	0.00	31.82	59.09	2.27	6.82
昭平县	62.04～81.20	69.56 ± 10.23	14.71	0.00	66.67	33.33	0.00	0.00

区域	有效磷			相应范围的样本占比 /%				
	范围 /（g/kg）	平均值 /（g/kg）	变异系数 /%	极低	较低	适宜	较高	极高
富川县	7.70～222.50	59.16 ± 30.33	51.27	0.00	2.14	4.29	22.86	70.71
钟山县	5.90～183.50	44.31 ± 35.27	79.60	0.00	9.09	15.91	31.82	43.18
昭平县	9.55～29.30	19.20 ± 9.88	51.46	33.33	0.00	66.67	0.00	0.00

区域	速效钾			相应范围的样本占比 /%				
	范围 /（g/kg）	平均值 /（g/kg）	变异系数 /%	极低	较低	适宜	较高	极高
富川县	29.14～881.42	241.97 ± 142.91	59.06	3.57	20.00	29.29	33.57	13.57
钟山县	27.15～297.08	153.21 ± 70.57	46.06	13.64	47.73	18.18	20.45	0.00
昭平县	137.87～285.07	188.77 ± 83.44	44.20	0.00	66.67	0.00	33.33	0.00

区域	缓效钾			相应范围的样本占比 /%				
	范围 /（g/kg）	平均值 /（g/kg）	变异系数 /%	极低	较低	适宜	较高	极高
富川县	27.30～409.16	183.15 ± 67.63	36.93	7.14	86.43	6.43	0.00	0.00
钟山县	49.57～850.19	256.16 ± 217.14	84.77	13.64	61.36	9.09	0.00	15.91
昭平县	172.12～199.90	190.25 ± 15.72	8.26	0.00	100.00	0.00	0.00	0.00

植烟土壤有效磷含量 15～<30 mg/kg 为适宜（表1）。由表4可知，富川县、钟山县和昭平县植烟土壤有效磷含量平均值分别为 59.16 mg/kg、44.31 mg/kg 和 19.20 mg/kg；变异系数分别为 51.27%、79.60% 和 51.46%。该区域植烟土壤有效磷含量总体偏高，富川县 70.71% 的样点有效磷含量处于极高水平，仅有 2.14% 的样点处于适宜范围之下。富川县和钟山县土壤有效磷含量在适宜区及适宜区以上范围的样本分别占 97.86% 和 90.91%，说明该烟区多数区域植烟土壤磷营养处于丰富水平，在磷肥施用上仅考虑维持土壤磷营养不亏缺即可；昭平县 66.67% 的样点土壤有效磷含量在适宜水平，33.33% 的样点土壤有效磷极低，在磷肥施用上土壤磷营养含量高的位点考虑维持土壤磷营养不亏缺即可，磷营养含量低的位点适当增施磷肥。

植烟土壤速效钾含量适宜水平在 150～<220 mg/kg（表1）。由表4可知，富川县、钟山县和昭平县土壤速效钾含量的平均值分别为 241.97 mg/kg、153.21 mg/kg 和 188.77 mg/kg。富川县土壤速效钾在适宜区以上范围的样本占 76.43%，位于极低和较低样本分别占 3.57%、20.00%，而土壤缓效钾在适宜区以下范围的样本占 93.57%；钟山县土壤速效钾在适宜区以上范围的样本占 38.63%，土壤速效钾、缓效钾在适宜区以下范围的样本占 61.37%、75.00%；昭平县速效钾含量位于较低水平的样本为 66.67%。富川县、钟山县和昭平县植烟土壤速效钾含量总体偏低，尤其钟山县和昭平县超过 50% 的样点土壤速效钾含量低于适宜水平。说明该烟区的部分植烟土壤钾营养供应不足，在施肥上应考虑提高钾肥比例，做到减氮稳磷增钾。

2.1.4 土壤中微量元素

在中量元素方面，植烟土壤交换性钙含量 400～<800 mg/kg 为适宜（表1）。由表5可知，富川县、钟山县和昭平县土壤交换性钙含量平均值分别 24 853 mg/kg、910 mg/kg 和 1 807 mg/kg。富川县、钟山县和昭平县植烟土壤交换性钙含量在适宜区及以上范围的样本分别占 100%、697.73%、100%，3 县交换性钙含量处于极高水平的位点分别为 96.43%（富川县）、56.82%（钟山县）和 66.67%（昭平县），说明该烟区土壤钙营养供应充足且偏多。土壤交换性镁含量为 50～<100 mg/kg 最适宜烟草种植（表1），由表5可知，富川县、钟山县和昭平县土壤交换性镁平均值分别为 97.94 mg/kg、199.43 mg/kg 和 255.06 mg/kg。富川县 35.71% 的位点植烟土壤交换性镁的含量处于适宜水平，在适宜区以上范围的样本占 82.14%，也有 17.86% 的土壤样本交换性镁含量低于适宜值。钟山县植烟土壤交换性镁含量在适宜区及以上范围的样本占 100%，总体处于较高和极高水平。昭平县土壤交换性镁的含量处于极高水平。综合分析表明贺州市烟区钙、镁含量普遍偏高，说明该烟区植烟土壤钙、镁营养供应充足，仅有部分区域的植烟土壤镁供应不足，部分区域（富川县）需要适量补充镁肥。

土壤有效硫含量为 13～<25 mg/kg 最适宜烟草的生长发育（表1）。由表5可知，富川县、钟山县和昭平县植烟土壤有效硫含量在适宜区及以上范围的样本分别占

72.14%、100% 和 100%，说明该烟区的多数区域植烟土壤的硫营养供应较充足，这与多年施用硫酸钾有关。

在微量元素方面，土壤有效铜、有效锌、有效铁和有效锰含量分别为 0.5～<1.0 mg/kg、1.0～<2.0 mg/kg、4.5～<10.0 mg/kg 和 5.0～<15.0 mg/kg 时有利于植烟作物的生长发育（表1）。由表5可知，富川县土壤有效铜、锌、铁、锰含量在适宜及以上范围的样本占 86.42% 以上，钟山县土壤有效硫、铜、锌、铁、锰含量在适宜及以上范围的样本占 95.45% 以上，而昭平县土壤有效铜、锌、铁、锰、硫含量在适宜及以上范围的样本占 100%，说明该烟区植烟土壤的上述营养元素供应充足，在施肥措施上可以不考虑。

适宜植烟作物生长的有效硼、有效钼含量分别为 0.5～<1.0 mg/kg 和 0.15～<0.20 mg/kg（表1）。由表5可知，富川土壤有效硼、钼含量在适宜以下范围的样本占 88.57%、95.03%，含量处于极低水平的分别占 50.00% 和 89.13%；钟山县土壤有效硼、钼含量在适宜以下范围的样本分别占 70.45%、93.67%，含量处于极低水平的分别占 34.09% 和 83.54%；而昭平县土壤有效硼、钼含量在适宜以下的样本均占 100%。土壤有效钼含量过低会影响烤烟氨基酸的合成，造成植物吸收氮素困难，植物表现出缺氮现象，贺州市烟区植烟土壤的硼、钼营养元素普遍缺乏，在施肥措施上要考虑补充。

表5 贺州市植烟土壤中微量元素丰缺状况

区域	交换性钙			相应范围的样本占比 /%				
	范围 /(mg/kg)	平均值 /(mg/kg)	变异系数 /%	极低	较低	适宜	较高	极高
富川县	634～3 737	2 485 ± 588	23.66	0.00	0.00	2.86	0.71	96.43
钟山县	368～29 824	3 910 ± 6 569	168.01	0.00	2.27	25.00	15.91	56.82
昭平县	1 187～2 748	1 807 ± 829	45.88	0.00	0.00	0.00	33.33	66.67

区域	交换性镁			相应范围的样本占比 /%				
	范围 /(mg/kg)	平均值 /(mg/kg)	变异系数 /%	极低	较低	适宜	较高	极高
富川县	22.12～237.93	97.94 ± 48.69	49.71	0.71	17.15	35.71	32.86	13.57
钟山县	55.28～496.55	199.43 ± 89.95	45.10	0.00	0.00	0.00	36.36	63.64
昭平县	217.10～304.85	255.06 ± 45.06	17.67	0.00	0.00	0.00	0.00	100.00

区域	有效硫			相应范围的样本占比 /%				
	范围 /(mg/kg)	平均值 /(mg/kg)	变异系数 /%	极低	较低	适宜	较高	极高
富川县	5.78～800.65	61.63 ± 92.80	150.58	8.57	19.29	11.43	15.71	45.00
钟山县	31.04～436.70	113.70 ± 87.66	77.10	0.00	0.00	0.00	4.55	95.45
昭平县	84.83～433.90	210.56 ± 193.93	92.10	0.00	0.00	0.00	0.00	100.00

续表

区域	有效铜			相应范围的样本占比/%				
	范围/ (mg/kg)	平均值/ (mg/kg)	变异系数/ %	极低	较低	适宜	较高	极高
富川县	0.84～16.72	7.00±2.57	36.71	0.00	0.00	0.71	0.00	99.29
钟山县	2.37～17.43	6.57±3.03	46.12	0.00	0.00	0.00	0.00	100.00
昭平县	7.27～8.35	7.73±0.56	7.24	0.00	0.00	0.00	0.00	100.00

区域	有效锌			相应范围的样本占比/%				
	范围/ (mg/kg)	平均值/ (mg/kg)	变异系数/ %	极低	较低	适宜	较高	极高
富川县	0.81～50.39	5.95±4.62	77.65	0.00	0.00	0.71	12.86	86.43
钟山县	2.10～20.32	5.72±3.20	55.94	0.00	0.00	0.00	34.09	65.91
昭平县	3.09～4.23	3.72±0.58	15.59	0.00	0.00	0.00	66.67	33.33

区域	有效铁			相应范围的样本占比/%				
	范围/ (mg/kg)	平均值/ (mg/kg)	变异系数/ %	极低	较低	适宜	较高	极高
富川县	27.95～604.12	238.88±149.74	62.68	0.00	0.00	0.00	0.00	100.00
钟山县	347.68～5 183.63	679.14±702.50	103.44	0.00	0.00	0.00	0.00	100.00
昭平县	565.96～590.95	582.32±14.18	2.44	0.00	0.00	0.00	0.00	100.00

区域	有效锰			相应范围的样本占比/%				
	范围/ (mg/kg)	平均值/ (mg/kg)	变异系数/ %	极低	较低	适宜	较高	极高
富川县	2.61～36.31	12.68±6.70	52.84	0.00	13.57	50.00	35.71	0.71
钟山县	2.43～41.20	16.62±8.56	51.50	0.00	4.55	43.18	45.45	6.82
昭平县	17.36～61.50	34.77±23.50	67.59	0.00	0.00	0.00	66.67	33.33

区域	有效硼			相应范围的样本占比/%				
	范围/ (mg/kg)	平均值/ (mg/kg)	变异系数/ %	极低	较低	适宜	较高	极高
富川县	0.08～1.36	0.32±0.16	50.00	50.00	38.57	10.71	0.71	0.00
钟山县	0.13～0.93	0.40±0.20	50.00	34.09	36.36	29.55	0.00	0.00
昭平县	0.20～0.50	0.37±0.15	40.54	33.33	66.67	0.00	0.00	0.00

区域	有效钼			相应范围的样本占比/%				
	范围/ (mg/kg)	平均值/ (mg/kg)	变异系数/ %	极低	较低	适宜	较高	极高
富川县	0.014～0.675	0.054±0.058	107.41	89.13	5.90	1.55	2.48	0.93
钟山县	0.018～0.193	0.062±0.040	64.52	83.54	10.13	6.33	0.00	0.00
昭平县	未检出	未检出	—	100	0.00	0.00	0.00	0.00

2.1.5 土壤有效钾钙镁的平衡性分析

对贺州市植烟土壤有效钾、钙、镁的平衡性进行统计分析，结果见表6。土壤有效钾镁比（K/Mg）和钙镁比（Ca/Mg）可作为土壤有效态镁的诊断指标，一般认为，K/Mg 的适宜值为 0.67～1.40、Ca/Mg 为 5～10；当 K/Mg>1.40、Ca/Mg>20 时，易出现缺镁现象[30]。从表6可以看出，钟山县植烟区土壤的 K/Mg 在 0.67～1.40 的样本数占总样本数为 59.09%，而富川县烟区土壤 K/Mg 大于 1.40 的样本数占总样本数的 82.14%，昭平县烟区的土壤 K/Mg 33.33% 位点在适宜范围，66.67% 的位点小于 0.67。对于土壤 Ca/Mg，钟山县烟区的土壤 Ca/Mg 在 5～10 适宜范围的占比为 59.09%，而富川县烟区土壤 Ca/Mg 大于 20 的样本数占总样本数的 72.85%，昭平县烟区 66.67% 的位点土壤 Ca/Mg 小于 5。说明富川县植烟土壤大部分位点和钟山县植烟区土壤部分位点易出现缺镁现象，应注意钾钙镁的平衡施肥。

表6 土壤有效钾钙镁平衡性分析

烟区	K/Mg 平均值	不同 K/Mg 的样本占比 /%			Ca/Mg 平均值	不同 Ca/Mg 的样本占比 /%			
		<0.67	0.67～1.40	>1.40		<5	5～10	10～20	>20
富川县	3.06	2.86	15.00	82.14	31.70	0.00	2.86	24.29	72.85
钟山县	0.83	34.09	59.09	6.82	15.19	9.09	59.09	11.36	20.46
昭平县	0.72	66.67	33.33	0.00	7.47	66.67	0.00	33.33	0.00

2.2 贺州植烟区烤烟施肥建议

根据贺州市烟区植烟土壤养分适宜性分析，结合烤烟生产季节降水量及分布和烤烟生产（以 K326 为主）田间实际表现，提出如下施肥建议。

贺州市烟区大多数植烟土壤 pH 适宜至偏碱，施肥中注意适量增加酸性肥料的使用或施用土壤调理剂进行改良。贺州市烟区绝大多数植烟土壤有机质和全氮、有效磷含量在适宜至极高区间（表3、表4），说明土壤有机质含量较高，供氮、磷潜力较大，加上两地交换性钙含量极高，易导致钙镁拮抗。考虑到 K326 在高氮水平下，中上部烟叶烘烤困难（易杂色），根据 2021 年 K326 大田生产和田间试验实际表现，两地烤烟生长后期普遍出现严重缺镁现象。建议总体施氮（N）量以 150 kg/hm² 左右为宜，施磷（P_2O_5）量以不超过 150 kg/hm² 为宜。结合该区在烤烟生长中后期降水量较大，氮素流失较多，建议适当减少基肥速效氮用量，增加氮肥追肥用量。而磷肥不宜施用过磷酸钙，应以其他形式的水溶性磷肥在基肥中进行配方即可。贺州市大多数植烟土壤速效钾和缓效钾含量在低至高区间（表4），总体偏低，说明土壤供钾潜力一般，加上烤烟含钾量是高质量烟叶的重要指标，根据 2021 年 K326 大田生产和田间试验实际表现，未见明显缺钾现象，说明目前施钾量适宜。因此，建议总体施钾（K_2O）量以 375 kg/hm²

左右为宜。考虑该区在烤烟生长中后期降水量较大，钾素易流失，建议采用"前钾后移"施钾技术，即在总施钾水平不变的情况下，适当减少基肥钾用量，增加追肥钾用量。

中微量元素方面，贺州市绝大多数植烟土壤交换性钙、有效硫、有效铁、有效锰、有效铜、有效锌含量在适宜至极高区间（表5），根据2021年K326大田生产和田间试验实际表现，未见上述元素明显缺乏现象，其中中量元素硫在施用硫酸钾的施肥措施中已作为相伴元素补充。因此，上述元素不需要在施肥措施中特别补充。贺州市大多数植烟土壤交换性镁在高至极高区间（表5），从2021年K326大田生产和田间试验实际表现看，富川县和钟山县两地烤烟生长后期普遍出现严重缺镁现象，可能主要是钙镁离子拮抗所致。富川县植烟土壤K/Mg和Ca/Mg大于适宜范围值的比例较高；钟山县和昭平县一部分植烟土壤K/Mg小于适宜范围比例偏低，而钟山县部分土壤Ca/Mg大于适宜范围，昭平县土壤Ca/Mg小于适宜范围（表6）。研究表明[30]，当K/Mg>1.40、Ca/Mg>20时，易出现缺镁现象。因此，需要在烤烟生产中注意钾钙镁平衡施肥问题，根据钾钙元素的供应量协调补充供应适量的镁元素。贺州市绝大多数植烟土壤有效硼和有效钼含量较低，尤其50%以上样本位点有效硼含量极低，83.54%以上样本有效钼含量极低（表5）。缺硼可导致烤烟生长点畸形坏死，缺钼易导致烟叶油分变差、烘烤时杂色烟增加，因此，需要进行补充。钼元素可以通过叶面肥的形式补充，与农药一起喷施使用是较经济高效的一种方式。

3 讨论

贺州市K326烟区富川县植烟土壤pH大部分位点偏高，处于偏碱水平，少部分土壤pH较低处于偏酸水平，需要注意通过施肥措施来调整或者施用土壤调理剂进行改良，而钟山县和昭平县植烟土壤pH较适宜。大部分植烟土壤有机质、氮肥指标非常高，磷营养处于丰富水平，部分植烟土壤钾营养供应不足，在施肥措施上可适当减少氮肥和提高钾肥比例，并维持土壤磷营养不亏缺，做到减氮稳磷增钾。

贺州市植烟土壤钙营养供应过多，镁营养供应充足，部分区域的植烟土壤镁供应不足，硫营养供应较合适，这与该烟区多年施用硫酸钾有关。但从2021年贺州市K326烟区大田生产和田间试验实际情况来看，富川县烟区大部分和钟山县部分烟区烤烟生长后期普遍出现严重缺镁症状，这与烤烟钙镁拮抗吸收有关。研究认为K/Mg的适宜值为0.67~1.40、Ca/Mg为5~10，由植烟土壤钾钙镁平衡性分析可知，富川县植烟土壤K/Mg和Ca/Mg大于适宜范围值的比例较高；钟山县和昭平县一部分植烟土壤K/Mg小于适宜范围比例偏低，而钟山县部分土壤Ca/Mg大于适宜范围，昭平县土壤Ca/Mg小于适宜范围。韦建玉等[30]研究表明，当K/Mg>1.40、Ca/Mg>20时，易出现缺镁现象。另外，研究表明施用钙镁对烤烟钾吸收也有重要影响[31]。因此，在烤烟生产上需要特别注意钾镁钙的施肥平衡性，在施肥措施上应根据各区域土壤的钾钙镁元素含量进行钾钙镁的平衡施肥，协调钾镁钙营养的协调供给。贺州市烟区植烟土壤的有效铜、锌、铁、锰供应充足，在施肥措施上可以不考虑，只需在个别含量低的点位补充即可。贺州市植烟土壤的硼、钼营养元素普遍缺乏，在施肥措施上要特别注意考虑补充。

4 结论

以广西贺州市 K326 烟区为对象，对植烟土壤养分肥力状况进行普查和评价，根据当前植烟土壤肥力评价和适宜性研究结果及中国植烟土壤养分丰缺评价标准，结合烟草品种 K326 的养分需求规律，建立植烟土壤养分含量丰缺评价标准参考值，并对植烟区土壤养分状况进行评价和适宜性进行分析。

贺州烟区植烟土壤养分肥力整体较好，有机质及氮、磷元素含量大部分处于适宜及适宜区以上范围，有机质、氮营养供应充足，总体处于偏上水平；磷营养处于丰富水平，总体处于中等偏上水平，钾营养处于中等水平，部分区域钾营养供应不足；而 pH 总体处于中等偏碱水平，富川县烟区土壤绝大部分偏碱，个别位点偏低处于偏酸水平，钟山县 50% 处于适宜范围，部分区域处于偏酸和偏碱水平。

植烟土壤钙营养供应过多，部分区域的植烟土壤镁供应不足，而硫营养供应较合适。钾钙镁供应平衡性差，钾镁比和钙镁比大于适宜范围的样本占比大，容易导致缺镁。

植烟土壤的有效铜、锌、铁、锰供应充足，硼、钼普遍缺乏。

贺州烟区烤烟生产的施肥管理建议：施肥措施上建议减氮稳磷增钾，注意少施有机肥，提高钾肥比例，注意减少碱性肥料而增加酸性肥料的使用；维持磷、硫营养的施肥量，注意钾钙镁平衡施肥和协调供应，增施硼、钼肥料，增加硼、钼营养元素的供给。

参考文献

[1] 李俊，王跃金，郭海鹏，等．楚雄州绿色优质烟叶土壤养分状况分析及调控 [J]．黑龙江农业科学，2018（1）：41-47.

[2] 骆伯胜，钟继洪，陈俊坚，等．土壤肥力数值化综合评价研究 [J]．土壤，2004，36（1）：104-106，111.

[3] 周孚美，肖亦雄，高小俊，等．施肥贡献率、依存率与烟草产量的相关性研究 [J]．天津农业科学，

2014，20（10）：69-74，82.

[4] 梁颁捷，林毅，朱其清，等．福建植烟土壤pH值与土壤有效养分的相关性[J]．中国烟草科学，2001，22（1）：25-27.

[5] 黄成江，张晓海，李天福，等．植烟土壤理化性状的适宜性研究进展[J]．中国农业科技报，2007，9（1）：42-46.

[6] 钟建海．前作土壤和施肥量差异对烤烟产量和品质的影响[J]．江西农业学报，2019，31（4）：69-76.

[7] 师超，丁敬芝，上官力，等．施肥量对烤烟产量和上部烟叶质量的影响[J]．湖北农业科学，2018，57（4）：90-92，95.

[8] 李莎．氮磷钾配比对烤烟生长发育及产质量的影响[D]．重庆：西南大学，2008.

[9] 韦忠，高华军，王五权，等．等镁条件下施用钾、钙对土壤养分和烤烟产量及养分吸收的影响[J]．陕西农业科学，2016，62（12）：27-32.

[10] 王国平，向鹏华，曾惠宇，等．不同供硫水平对烟叶产、质量的影响[J]．作物研究，2009，23（1）：35-37.

[11] 林克惠，邓敬宁，彭桂芬．镁、锌、硼肥对烤烟几个生理生化指标、产量和品质的影响[J]．云南农业大学学报，1990，5（3）：136-143.

[12] 黄建如，陈修年，王中富，等．施用B、Zn、Ca肥对浙江山区香料烟产质影响的分析[J]．中国烟草，1994，15（2）：41-43.

[13] 查录云，谢德平，王庭选，等．微量元素锰铜锌对烤烟质量影响的研究[J]．烟草科技，1996，29（1）：30-32.

[14] 侯庆山，张玉东．镁锌硼肥在烤烟生产中应用效果的研究[J]．土壤，1997，29（3）：149-151.

[15] 崔国明，黄必志，柴家荣，等．硼对烤烟生理生化及产质量的影响[J]．中国烟草科学，2000，21（3）：14-18.

[16] 彭功银，董长燕，陈良存，等．钼营养对烤烟产质量的影响[J]．农技服务，2015，32（4）：95，94.

[17] 申洪涛，段卫东，李冬，等．钼肥对植烟土壤酶活性及烤烟产量和品质的影响[J]．河南农业科学，2020，49（6）：42-47.

[18] 李强，周冀衡，杨荣生，等．曲靖植烟土壤养分空间变异及土壤肥力适宜性评价[J]．应用生态学报，2011，22（4）：950-956.

[19] 宋淑芳，周冀衡，邓小华，等．大理植烟土壤养分含量及其对烟叶生产的适宜性[J]．湖南农业大学学报（自然科学版），2012，38（1）：16-21.

[20] 李玉宝，王鹏，张永革，等．贵州毕节主要植烟区土壤肥力综合评价[J]．安徽农业科学，2020，48（24）：156-160.

[21] 冯诚，莫光森．广西百色典型烟草种植区土壤肥力评价[J]．广西农学报，2016，31（5）：46-51.

[22] 李自林，赵磊峰，陆亚春，等．隆林县植烟土壤养分含量丰缺评价[J]．中国农学通报，2020，36（10）：25-32．

[23] 邓明军，石媛媛，高华军，等．广西靖西烟区烤烟种植生态适宜性分析[J]．江西农业学报，2017，29（8）：86-90．

[24] 尹永强，罗宝雄，韦峥宇，等．广西河池烟区土壤肥力特征分析[J]．广东农业科学，2012，39（16）：84-87．

[25] 李强，周冀衡，张一扬，等．基于地统计学的曲靖植烟土壤主要养分丰缺评价[J]．烟草科技，2012，45（11）：69-73．

[26] 张隆伟，伍仁军，王昌全，等．四川凉鐾烟区植烟土壤有效铜和有效锌空间变异特征[J]．中国烟草科学，2014，35（3）：1-6．

[27] 张倩，王昌全，李冰，等．攀西植烟土壤有机质和全氮空间变异性研究[J]．核农学报，2013，27（4）：501-508．

[28] 刘逊，邓小华，周米良，等．湘西植烟土壤有机质含量分布及其影响因素[J]．核农学报，2012，26（7）：1037-1042．

[29] 陈江华，刘建利，李志宏，等．中国植烟土壤及烟草养分综合管理[M]．北京：科学出版社，2008：39．

[30] 韦建玉，梁永进，路丹，等．贺州烟区土壤性状与烟叶成分及产量的相关性[J]．贵州农业科学，2019，47（12）：38-42．

[31] 韦忠，沈方科，王蕾，等．施用钙镁对烤烟钾吸收、循环和含量的影响[J]．中国烟草科学，2011，32（4）：66-70．

烤烟专用有机无机复混肥对贺州旱地 K326 烟叶品质的影响

胡亚杰[1]，刘慧生[2]，李群岭[1]，杨祝军[1]，林小兴[1]，周效峰[1]，
李章海[3]，丁婷[4]，吴峰[1]

（1. 广西中烟工业有限责任公司；2. 广西壮族自治区烟草公司贺州市公司；3. 中国科学技术大学烟草与健康研究中心；4. 安徽农业大学植物保护学院）

摘要：比较烤烟专用有机无机复混肥不同施用量对贺州旱地 K326 烟叶品质的影响，为明确 K326 品种烤烟专用有机无机复混肥的施用量提供参考依据。以烤烟品种 K326 为试验材料，以常规施肥为对照（CK），于 2021 年在贺州富川开展烤烟专用有机无机复混肥不同基肥施用量（1 500 kg/hm²、1 725 kg/hm²、1 950 kg/hm²）试验，分析不同烤烟专用有机无机复混肥施用量对烤烟品种 K326 产量和质量的影响。烟叶产量和平均单叶质量随着施 N 量的提高呈现增加趋势，而烟叶产值和上等烟比例均以烤烟专用有机无机复混肥 1 950 kg/hm² 处理最高。1 500 kg/hm²、1 725 kg/hm²、1 950 kg/hm² 处理烟碱含量均在适宜范围，而 CK 烟碱含量偏高。中部叶的化学成分协调性排序为 1 500 kg/hm² 处理 >1 725 kg/hm² 处理 >1 950 kg/hm² 处理 >CK，上部叶的化学成分协调性排序为 1 500 kg/hm² 处理 >1 950 kg/hm² 处理 >1 725 kg/hm² 处理 =CK，总体以 1 500 kg/hm² 处理最好；中部叶的物理特性排序为 1 500 kg/hm² 处理 >1 950 kg/hm² 处理 >1 725 kg/hm² 处理 >CK，上部叶的物理特性排序为 1 500 kg/hm² 处理 =1 725 kg/hm² 处理 =1 950 kg/hm² 处理 >CK。感官质量以 1 500 kg/hm² 处理和 1 725 kg/hm² 处理较好，具体表现香气质较好和香气量较足，中部叶刺激性明显较小。综合评价以 1 725 kg/hm² 处理得分最高。本研究表明，对贺州旱地 K326 施用烤烟专用有机无机复混肥的用量为

胡亚杰，刘慧生，李群岭，等. 烤烟专用有机无机复混肥对贺州旱地 K326 烟叶品质的影响［J］. 广东农业科学，2022，49（7）：57-64.

1 725 kg/hm^2 时，烟叶产量和品质较佳。

关键词：有机无机复混肥；旱地；经济性状；物理特性；化学成分；感官质量

施肥是烤烟栽培的关键技术，对优质烤烟的形成具有重要意义。长期以来，重施化肥造成植烟土壤板结、养分不平衡、微生物活性下降、肥料利用率低、烟叶品质下降等问题[1]。有机肥营养丰富，对改良土壤促进烟叶生产取得一定效果[2-3]，但有机肥在土壤中氮素释放速率与烤烟需肥量不太一致，易出现前期"供氮不足"、后期"供氮过多"等问题，因此需要与无机氮肥合理配施，提高烤烟养分吸收利用率及烟叶品质[4-5]。烤烟专用有机无机复混肥是指将有机肥料和无机肥料按照一定的配比混合，集有机肥、化学肥料或微生物肥于一体的"二元或多元"农用生产复混肥[6]。程延明等[7]研究表明，施用有机无机复混肥可增加烟叶产量，使叶片结构更疏松、身份趋于中等，化学成分较协调，质量较为稳定。熊承飞等[8]研究发现，根施水溶性腐殖酸钾有机无机复混肥烟叶经济性状表现好，产值和上等烟比例提高。余小芬等[9]指出，30% 菜籽油枯有机无机复混肥可促进烤烟地上部和根系部分生长发育，显著提高肥料利用率。朱英华等[10]研究表明，有机无机复混肥极显著提高水稻土烤烟根茎叶干物质及氮磷钾养分积累量。向铁军等[11]研究发现，0.5% 纳米碳烟草专用活性有机无机复混肥能明显促进烤烟生长，农艺性状表现较优，经济性状提升，感官质量中等偏上。本研究结合烤烟的需肥特点，克服单一施肥的弊病，将有机肥料的"稳"或微生物肥料的"促"和化学肥料的"速"，通过科学搭配、优势互补的原则，融为一体，配制成烤烟专用有机无机复混肥，既能改善土壤的结构、培肥地力，又可提高烟叶质量。本研究为充分利用当地有机肥原料资源，进一步提高旱地烟叶品质，开展烤烟专用有机无机复混肥对旱地烟叶经济性状、物理特性、化学成分和感官质量影响的试验，为提高肥料利用、减工降本和指导肥料施用提供技术支撑。

1　材料与方法

1.1　试验材料

试验于 2021 年在广西壮族自治区贺州市富川烟区进行，试验田土壤类型为轻壤土，含碱解氮 120.51 mg/kg、速效磷 23.69 mg/kg、速效钾 157.18 mg/kg、有机质 1.97%，pH 7.85。供试烤烟品种为 K326。供试肥料为烤烟专用有机无机复混肥（N：P_2O_5：K_2O = 5.5：5.5：10）。

1.2 试验方法

试验采用随机区组设计,设置 4 个处理,3 次重复,共 12 个小区,小区面积 66 m²,行株距为 1.1 m × 0.50 m,每小区种植 120 株。其中,有机无机复混肥 + 专用追肥处理 A、B、C 基肥($N:P_2O_5:K_2O = 5.5:5.5:10$)用量分别为 1 500 kg/hm²、1 725 kg/hm²、1 950 kg/hm²,专用追肥($N:P_2O_5:K_2O = 12:0:33$)用量均为 300 kg/hm²,分 2 次施用,第 1 次追肥在移栽后 10 d 施用 37.5 kg/hm²,剩余追肥在烟叶团棵后施用;CK 按照当地烤烟生产技术方案施用肥料,烤烟专用复混肥按基追比 1:1 在起垄时条施基肥牛粪菜籽饼有机肥 1 500 kg/hm² 和烤烟专用复混肥 450 kg/hm²,移栽后追施烤烟专用复混肥 450 kg/hm²,其中提苗肥施复混肥 150 kg/hm²、硫酸钾 450 kg/hm²、硫酸镁 75 kg/hm²。大田管理均按照当地烤烟生产技术方案执行。

1.3 测定项目及方法

1.3.1 样品采集与处理

打顶后选取各小区生长较一致的烟株 20 株,分别用不同颜色的毛线对所选烟株的每片可采烤烟叶进行拴毛线标记,于烟叶成熟期分别采摘、烘烤和存放,并统计各小区叶片数,然后按小区分级,统计各处理产量、产值和等级。取各处理标记烟株的 C3F、B2F 烟叶各 1 kg,进行常规化学成分、物理特性测定和感官评吸。

1.3.2 化学成分测定

总糖、还原糖、总氮、烟碱、钾和氯等化学成分测定参照 YC/T 159—2002、YC/T 160—2002、YC/T 161—2002、YC/T 217—2007、YC/T 162—2011 等;计算糖碱比、氮碱比、钾氯比和两糖比,并根据协调性指标适宜范围进行赋值,然后排序。

1.3.3 物理特性测定

根据郭建华等[12]的方法测定烟叶质量、平衡含水率、阴燃时间、柔软度 4 个指标,并根据适宜范围进行赋值,然后排序。

1.3.4 感官质量测定

烟叶经人工去除主脉后切丝卷制成评吸烟支,按 GB/T 16447—2004 要求平衡水分后进行感官评价。采用 9 分制,评价指标包括香气质、香气量、杂气、刺激性、透发性、柔细度、甜度、余味、浓度、劲头 10 项,分别计算各指标算术平均值,即为每样品各指标的结果。

1.3.5 综合评价

本文以烟叶产值作为衡量烟农收入和种烟积极性的重要指标(赋权重 0.4);以感

官质量作为烟叶工业可用性的重要指标（赋权重0.4）；以化学成分协调性和物理特性作为烟叶质量评价的辅助指标（赋权重各0.1）。试验数据采用Excel 2007进行处理和统计分析。

2 结果与分析

2.1 烤烟专用有机无机复混肥不同用量对旱地烤烟经济性状的影响

从表1可以看出，各处理烟叶产量表现为处理CK>C>B>A，但差异均不显著；平均单叶质量表现为处理CK>C>B>A，CK与处理A差异显著，其他处理间差异不显著；烟叶产值表现为处理C>CK>B>A，处理C与A差异显著，其他处理间差异不显著；上等烟表现为处理C>B>CK>A，但差异均不显著；中等烟表现为处理B>CK>A>C，但差异均不显著；均价表现为处理C>A>CK>B，但差异均不显著。

表1 烤烟专用有机无机复混肥不同用量对旱地烤烟经济性状的影响对比分析

处理	上等烟占比/%	中等烟占比/%	单叶质量/g	亩产量/kg	亩产值/元	均价/(元/kg)
A	70.04 ± 7.17a	25.52 ± 3.86a	10.97 ± 0.80b	233.4 ± 1.04a	6 702.5 ± 27.14b	28.74a
B	70.57 ± 5.57a	26.23 ± 4.26a	11.23 ± 0.90ab	250.7 ± 2.29a	7 156.0 ± 83.71ab	28.48a
C	72.31 ± 10.75a	25.39 ± 8.68a	12.23 ± 1.61ab	259.7 ± 1.80a	7 736.8 ± 55.10a	29.79a
CK	70.41 ± 4.97a	25.62 ± 2.58a	12.37 ± 1.75a	262.9 ± 3.00a	7 511.6 ± 94.90ab	28.53a

注：同列不同字母表示差异显著（$P < 0.05$）。

2.2 烤烟专用有机无机复混肥不同用量对旱地烤烟烟叶化学成分的影响

一般认为，优质烤烟总糖含量的适宜范围为19%～28%，还原糖含量的适宜范围为16%～24%，但云南烟叶总糖含量通常都在30%以上，受到工业界的普遍欢迎。不同部位烟叶的适宜烟碱含量不同，上、中、下部叶适宜烟碱含量分别为（3.0 ± 0.5）%、（2.4 ± 0.4）%、（1.8 ± 0.3）%。烤烟中总氮含量以2%～3%为宜。含钾量高的烟叶色泽强，富有弹性和韧性，燃烧性和阴燃持火力好，烟叶钾离子的含量以>1.5%为宜。一定的氯含量对烟叶生长是必需的，氯含量如果过高会降低烟叶的燃烧性和持火力，烟叶氯离子的适宜含量为0.3%～0.7%。

从表2可以看出，各处理中上部烟叶总糖和还原糖均在适宜范围内，而淀粉含量中上部烟叶（处理C中部叶除外）均偏高（>5%），淀粉含量偏高主要由烘烤所致，即变黄期时间不够，定色过快，淀粉降解不够。中部叶各处理总氮含量稍偏低，上部叶各处理总氮含量基本在适宜范围内；中部叶CK烟碱含量偏高（>2.8%），而处理A、

表 2 烤烟专用有机无机复混肥不同用量对旱地烤烟烟叶化学成分的影响对比分析

部位	处理	总糖/%	还原糖/%	氯/%	烟碱/%	钾/%	总氮/%	淀粉/%	糖碱比	氮碱比	两糖比	钾氯比
C3F	A	30.7±2.18a	26.3±1.34a	0.17±0.01b	2.04±0.27b	2.43±0.07a	1.63±0.13a	7.22±1.75ab	12.89±1.06a	0.80±0.48a	0.86±0.01a	14.29±2.88a
	B	31.2±1.46a	26.8±1.78a	0.30±0.03a	2.07±0.15b	2.41±0.11a	1.67±0.06a	6.99±1.41ab	12.95±1.32a	0.81±0.40a	0.86±0.01a	8.03±1.59b
	C	31.8±3.42a	25.7±2.19a	0.34±0.02a	2.46±0.33ab	2.42±0.14a	1.81±0.18a	4.80±1.19b	10.45±3.14ab	0.74±0.55ab	0.81±0.02ab	7.12±1.27b
	D	29.8±0.95a	23.2±0.93a	0.21±0.04ab	2.91±0.12a	2.34±0.04a	1.90±0.02a	8.34±2.10a	7.97±1.35b	0.65±0.17b	0.78±0.01ab	11.14±1.89ab
B2F	A	24.6±3.22a	22.2±0.74a	0.41±0.05a	3.47±0.31a	1.85±0.09a	2.21±0.16a	9.15±2.86ab	6.40±2.29a	0.64±0.05a	0.90±0.02a	4.51±0.36ab
	B	23.6±0.52a	21.2±1.99a	0.44±0.06a	3.62±0.10a	1.79±0.05a	2.21±0.07a	9.15±1.09ab	5.86±1.64ab	0.61±0.70ab	0.90±0.03a	4.07±0.18b
	C	23.4±5.07a	21.3±1.26a	0.44±0.02a	3.88±0.47a	1.84±0.04a	2.25±0.17a	9.51±3.12a	6.03±2.69ab	0.58±0.36ab	0.91±0.01a	4.18±0.07b
	D	23.0±3.75a	20.8±2.27a	0.30±0.02ab	3.98±0.29a	1.67±0.01a	2.16±0.09a	8.97±1.99b	5.78±1.02b	0.54±0.31b	0.9±0.05a	5.57±0.54a

注：同列不同字母表示差异显著（$P<0.05$）。

B、C 烟碱含量适宜范围内，上部叶除 A 处理外其他处理烟碱含量偏高（>3.5%）。烟叶中各处理钾含量基本在适宜范围内，而氯离子中部叶处理 A 和 CK 均偏低（<0.3）。

卷烟工业配方更注重各部位化学成分的协调性，一般要求两糖比（还原糖/总糖）≥0.85 较适宜，糖碱比上部叶 7±2.0、中部叶 9±2.5、下部叶 11±2.5，氮碱比（总氮/烟碱）上部叶 0.70±0.10、中部叶 0.85±0.15、下部叶 1.15±0.25，钾氯比（K/Cl）≥4.0。两糖比反映淀粉的降解程度，偏低吃味变差。糖碱比反映烟气的生理强度以及醇和度，比值偏低烟气刺激性增大，甜味下降，苦味增大；比值偏高烟气劲头减小，香气平淡；氮碱比反映烟叶成熟程度，比值偏高说明烟叶成熟不够、烟叶颜色偏淡、香气量减少，偏低则烟叶成熟过度，烟叶颜色偏深，刺激性增大；钾氯比反映烟叶燃烧性，比值越大燃烧性越好，反之则燃烧性越差。

各处理两糖比中、上部烟叶基本在适宜范围内，中部叶两糖比表现为处理 B=A>C>CK，上部叶两糖比均在适宜范围，基本没有差别。处理 A 和 B 中部叶糖碱比偏高，处理 C 和 CK 在适宜范围内，具体表现为处理 C>CK>B>A；上部叶糖碱比均适宜范围内，具体表现为处理 A>C>B>CK。中部叶氮碱比处理 A、B、C 适宜，CK 稍偏低，具体表现为处理 B>A>C>CK；上部叶氮碱比处理 A 和 B 适宜，处理 C 和 CK 稍偏低，具体表现为处理 A>B>C>CK。钾氯比中、上部烟叶各处理均达标准要求，中部叶钾氯比表现为处理 A>CK>B>C，上部叶钾氯比表现为处理 CK>A>C>B。

从烟叶化学成分协调性来看，由糖碱比、氮碱比、钾氯比、两糖比检测结果与各自最佳值的关系赋值排序，结果表明，化学成分协调性从好至差，中部叶依次为处理 A>B>C>CK，上部叶依次为处理 A>C>B=CK，总体以处理 A 化学成分协调性最好。

2.3 烤烟专用有机无机复混肥不同用量对旱地烤烟烟叶物理特性的影响

烟叶平衡含水率与烟叶吸湿性有关，影响烟叶出片率和出丝率，一般要求烟叶平衡含水率≥14%。烟叶阴燃时间与烟叶燃烧性有关，一般要求烟叶阴燃时间≥5 s。叶质量与烟叶结构疏松程度和身份有关，一般要求叶质量以（10.5±1.5）mg/cm² 为宜。烟叶柔软度是近年来卷烟工业非常关注的物理指标，按湖南中烟的标准：柔软度 <40 mN 为"柔软"，手握柔软，弹性好，稍用力叶片能明显拉伸然后断裂；柔软度 40～60 mN 为"尚柔软"，手握尚柔软，弹性一般，稍用力叶片能稍拉伸然后断裂；柔软度 60～80 mN 为"平板"，手握平板，弹性较差，叶片不能拉伸，用力后就直接断裂；柔软度 >80 mN 为"僵硬"，手握僵硬，弹性差，叶片不能拉伸，需用较大力才能断裂。

从烟叶物理特性总体来看，根据叶质量、平衡含水率、阴燃时间、柔软度 4 个指标与各自最佳值的关系赋值排序，结果表明，烟叶物理特性从好至差，中部叶依次为处理 A>C>B>CK，上部叶依次为处理 A=B=C>CK，总体以处理 A 烟叶物理特性最好（表3）。

表3　烤烟专用有机无机复混肥不同用量对旱地烤烟烟叶物理特性的影响对比分析

部位	处理	叶质量/（mg/cm²）	平衡含水率/%	阴燃时间/s	柔软度/mN
C3F	A	10.20 ± 1.46b	16.81 ± 0.17ab	10.91 ± 0.17a	12.85 ± 2.33b
	B	10.76 ± 1.87ab	16.90 ± 0.03a	10.54 ± 0.14ab	19.05 ± 1.97ab
	C	11.67 ± 0.72ab	16.95 ± 0.07a	10.55 ± 0.08ab	19.15 ± 3.42ab
	CK	12.16 ± 2.01a	16.81 ± 0.01ab	9.56 ± 0.07b	34.05 ± 4.56a
B2F	A	15.93 ± 3.61ab	16.03 ± 0.09a	9.84 ± 0.19ab	75.75 ± 7.18ab
	B	15.69 ± 2.47b	15.84 ± 0.01b	7.98 ± 0.10b	65.00 ± 4.59b
	C	16.10 ± 2.13aa	15.85 ± 0.04b	10.62 ± 0.39ab	66.90 ± 5.14ab
	CK	16.46 ± 0.83a	15.81 ± 0.02b	11.78 ± 1.02a	89.80 ± 9.36a

注：同列不同字母表示差异显著（$P<0.05$）。

2.4　烤烟专用有机无机复混肥不同用量对旱地烤烟烟叶感官质量的影响

烟叶感官质量是评价烟叶质量和工业可用性的重要依据，也是判断烟叶质量的最终标准。从表4可以看出，中部叶香气质依次为处理 A=B>C>CK，香气量为 CK>A>B>C，杂气为处理 A>B>C>CK，刺激性为处理 A>B>C>CK，透发性为处理 B>A>C>CK，柔细度为处理 A>B>C>CK，甜度为处理 C>B=CK>A，余味为处理 A=B>C>CK，感官质量得分从高到低依次为处理 A>B>C>CK；上部叶香气质为处理 B>C>A>CK，香气量为处理 B>A>C>CK，杂气为处理 B>A>C>CK，刺激性为处理 B=C>A>CK，透发性为处理 B>A=CK>C，柔细度为处理 B>A>C>CK，甜度为处理 B>A>C>CK，余味为处理 B>C>A>CK，感官质量得分从高到低依次为处理 B>A>C>CK，总体以处理 A 和 B 感官质量较好，具体表现为香气质较好，杂气较少，刺激性明显较小，烟叶的透发性和柔细度明显好于 CK，余味舒适浓度适中。可见烤烟专用有机无机复混肥处理烟叶感官质量好于当地常规肥料处理。

2.5　烤烟专用有机无机复混肥不同用量的旱地烤烟烟叶综合质量评价

本试验各处理产值按从高到低分别赋分值4、3、2、1；感官质量得分高低和化学成分协调性和物理特性的好坏，以中、上部叶的平均值按从高到低分别赋分值4、3、2、1；各指标所赋分值乘以权重为该指标得分，4项指标得分相加为该处理的综合得分。由表5可知，处理 A 和 B 感官质量赋分最高4分，产值以处理 C 最高，化学成分

表 4 烤烟专用有机无机复混肥不同用量对旱地烤烟烟叶感官质量评分的影响对比分析

部位	处理	香气质	香气量	杂气	刺激性	透发性	柔细度	甜度	余味	浓度	劲头	得分
C3F	A	5.71±0.37a	5.76±0.39ab	5.68±0.36a	5.87±0.50a	5.68±0.40a	5.83±0.47a	5.52±0.28a	5.74±0.35a	5.64±0.31ab	5.52±0.23ab	63.89±4.16a
	B	5.71±0.32a	5.71±0.36b	5.67±0.29a	5.84±0.42a	5.69±0.31a	5.79±0.39ab	5.56±0.23a	5.74±0.29a	5.68±0.31ab	5.62±0.28a	63.68±3.59a
	C	5.69±0.34a	5.69±0.36b	5.62±0.31ab	5.81±0.43a	5.66±0.35a	5.73±0.41ab	5.58±0.28a	5.71±0.28a	5.67±0.35ab	5.61±0.32a	63.38±3.69a
	D	5.54±0.36ab	5.87±0.39a	5.59±0.38ab	5.59±0.36ab	5.59±0.43ab	5.72±0.37ab	5.56±0.29a	5.63±0.33ab	5.76±0.30a	5.58±0.28a	62.95±3.88a
B2F	A	5.43±0.27ab	5.46±0.26ab	5.37±0.20ab	5.51±0.26ab	5.46±0.23ab	5.39±0.26ab	5.38±0.17ab	5.39±0.26ab	5.89±0.31a	6.00±0.23a	60.42±2.60a
	B	5.53±0.33a	5.54±0.33a	5.49±0.29a	5.59±0.26a	5.61±0.31a	5.50±0.24a	5.51±0.25a	5.52±0.28a	5.90±0.31a	5.94±0.28a	61.54±3.20a
	C	5.36±0.29b	5.41±0.30b	5.32±0.26ab	5.59±0.20a	5.42±0.22ab	5.38±0.17ab	5.32±0.22ab	5.43±0.23ab	5.84±0.31a	6.01±0.32a	60.19±2.70a
	D	5.34±0.25b	5.40±0.27b	5.30±0.26ab	5.49±0.19ab	5.46±0.22ab	5.36±0.18ab	5.32±0.20ab	5.37±0.17ab	5.89±0.34a	6.08±0.35a	59.81±2.20a

注：同列不同字母表示差异显著（$P<0.05$）。

协调性和物理特性以处理 A 最高，综合得分以处理 B 最高，处理 A 和 C 仅次于 B，而 CK 分值最低。

表 5　烤烟专用有机无机复混肥不同用量的旱地烤烟烟叶的综合评价

处理	产值	感官评吸	化学成分协调性	物理特性	综合得分
A	1	4	4	4	2.8
B	2	4	3	3	3.0
C	4	2	2	2	2.8
CK	3	1	1	1	1.8

3　讨论

本试验中，与对照比较，随着有机无机复混肥施肥量的增加，烟叶产量和平均单叶重呈现增加趋势，说明有机无机复混肥在达到一定的施肥量后能够替代化肥，而且能够达到或超过化肥的施用效果，这与吴科生等[13]、刘丽辉等[14]、黄庆等[15]、顾晓雯等[16]的研究结果一致。本试验条件下，施用有机无机复混肥各处理与对照比较，产量、均价、经济效益等差异不显著，可能与有机无机肥在改善作物生长环境和持续性方面效果比较明显，但就绝对值方面，烟叶产值和上等烟比例均以基肥用量 1 725 kg/hm² 最高，这与季璇等[4]、余小芬等[9]、赖多等[17]的研究结果一致。本研究中，施用烤烟专用有机无机复混肥旱地烟叶施氮量比常规肥料低，表明该肥料在改善作物生长环境和持续性方面效果比较明显，同时施肥过高和过低对烟叶产量和品质均产生不利影响。

施用有机无机复混肥后，能够修复改善土壤生长环境[18-19]，培育土壤肥力[20-21]，促进作物生长，提升作物品质。本试验条件下，施用有机无机复混肥处理与对照相比，烤烟上、中部叶中总糖、还原糖、钾含量等均高于对照，淀粉、烟碱含量均低于对照，糖碱、两糖比等更加协调，物理特性均好于对照，香气质和香气量更加饱满，感官质量更优，说明施用有机无机复混肥能有效改善烟叶品质，提高烟叶经济价值，这与李俊文等[22]、张鲁民等[23]的研究结果一致。此外，本试验还发现，基肥分别施有机无机复合混肥 1 500 kg/hm²、1 725 kg/hm²、1 950 kg/hm² 及专用追肥 300 kg/hm² 处理的纯氮施用量分别为对照的 73%、81% 和 89%，而烟叶含氮量中部叶 3 个处理的含氮量分别为对照的 85.8%、87.9% 和 95.3%，上部叶的含氮量分别为对照的 102.3%、102.3% 和 104.2%；3 个处理的钾肥施用量分别为对照的 54%、58% 和 63%，而烟叶含钾量中部叶 3 个处理的含钾量分别为对照的 103.8%、103.0% 和 103.4%，上部叶的含钾量分别为对照的 110.8%、107.2% 和 110.2%。可见，烤烟专用有机无机复混肥处理的氮钾肥经济利用率明显高于当地肥料，在当地降水量偏多的条件下，能明显减少流失。另外，各处理上部叶烟碱含量均偏高，氮碱比偏低，这可能与当地烟农习惯把上部叶过熟采收有关。

4 结论

烤烟专用有机无机复混肥能有效提高贺州旱地 K326 烟叶产量，增加产值和上等烟比例，提升烟叶化学成分协调性，改善烟叶物理特性，提升烟叶香气质，增加香气量，明显减少刺激性，明显改善感官质量，综合产值、化学成分协调性、物理特性和感官质量，以基肥用量 1 725 kg/hm² 评价得分最高，当地常规生产用肥烟叶感官质量较差，综合评价得分最低。因此，对广西贺州烟区旱地 K326 施用烤烟专用有机无机复混肥基肥的用量为 1 725 kg/hm² 时，烟叶产量和质量较佳。

参考文献

[1] 杨馨逸，刘小虎，韩晓. 施氮量对不同肥力土壤氮素转化及其利用率的影响 [J]. 中国农业科学，2016，49（13）：2561-2571.

[2] 黄炎忠，罗小锋. 化肥减量替代：农户的策略选择及影响因素 [J]. 华南农业大学学报（社会科学版），2020，19（1）：77-87.

[3] 李亮，张佩佳，张翔，等. 不同饼肥配比对烟田土壤生物学特性及氮素转化的影响 [J]. 土壤，2019，51（4）：648-657.

[4] 季璇，冯长春，郑学博，等. 饼肥等氮替代化肥对植烟土壤养分、酶活性和氮素利用的影响 [J]. 中国烟草科学，2019，40（5）：23-29.

[5] 陈尧，郑华，石俊雄，等. 施用化肥和菜籽粕对烤烟根际微生物的影响 [J]. 土壤学报，2012，49（1）：198-203.

[6] 杜伟. 烤烟专用有机无机复混肥优化肥料养分利用的效应与机理 [D]. 北京：中国农业科学院，2010.

[7] 程延明，李晨，徐海，等. 不同氮磷钾比例的有机无机复混肥对烤烟产质量的影响 [J]. 安徽农学通报，2021，27（21）：57-59，81.

[8] 熊承飞，潘锋华，杨莉，等. 不同腐殖酸钾有机无机复混肥用量对主栽品种生长发育及品质的影响 [J]. 农业与技术，2021，41（14）：49-53.

[9] 余小芬，杨树明，邹炳礼，等. 菜籽油枯有机无机复混肥对烤烟产质量及养分利用率的影响 [J]. 土壤通报，2020，57（6）：1564-1574.

[10] 朱英华，田维强，苟剑渝，等. 有机无机复混肥对水稻土烤烟养分积累、分配与利用的影响 [J]. 中国烟草科学，2019，40（2）：30-37.

[11] 向铁军，易百科，江涛，等．纳米碳烟草专用活性有机无机复混肥对烤烟生长的影响[J]．化工管理，2017（1）：70-71．

[12] 郭建华，宋纪真，王广山，等．基于主成分分析和聚类分析的烟叶物理特性区域归类[J]．烟草科技，2014，（8）：14-17．

[13] 吴科生，车宗贤，张久东，等．有机无机复混肥在河西灌区小麦生产中的应用效果[J]．甘肃农业科技，2020（6）：9-11．

[14] 刘丽辉，杨盼盼，田俊岭，等．施用生物有机肥对烟草产量和品质的影响[J]．广东农业科学，2019，46（11）：69-77．

[15] 黄庆，刘忠珍，刘景业，等．有机肥部分替代化肥与化肥减施对土壤、菜心产量和品质的影响[J]．广东农业科学，2020，47（5）：60-65．

[16] 顾晓雯，朱群，郑荣华，等．有机无机复混肥在鲜食玉米上的应用效果初探[J]．上海农业科技，2022（1）：105-106．

[17] 赖多，匡石滋，肖维强，等．有机无机配施减量化肥对蕉柑产量、品质及土壤养分的影响[J]．广东农业科学，2021，48（6）：23-29．

[18] 李延锋，刘杰，冯卓彦．生物有机无机复混肥对小麦生长的影响[J]．黑龙江农业科技，2019（12）：45-48．

[19] 刘兴林．有机无机肥配施对南方双季稻区水稻产量和土壤环境的影响[J]．广东农业科学，2020，47（3）：59-66．

[20] 王新平，曹海华，杨英，等．水稻减量施用不同品牌有机无机复混肥效益对比试验[J]．现代农业科技，2020（6）：13．

[21] 马二登，孙加利，番景奇，等．有机无机复混肥减量施用对烤烟产质量的影响[J]．广东农业科学，2013，23（16）：56-60．

[22] 李俊文，索全义，康文钦，等．有机无机复混肥对旱作谷子产量及品质的影响[J]．北方农业学报，2021，49（6）：84-89．

[23] 张鲁民，童耀民，纪春涛，等．有机无机复混肥及施氮量对烤烟K326生长发育及产质量的影响[J]．安徽农学通报，2016，22（20）：32-33，74．

不同烟区 K326 烟叶外观质量及感官质量对比分析

杨祝军，胡亚杰，梁桂广，李群岭

（广西中烟工业有限责任公司）

摘要：本研究通过对广西中烟 K326 品种烟叶的外观质量及感官质量对比分析发现：不同烟区烟叶外观质量下部和中部叶存在差异的产地少，上部叶多个产地存在差异，各烟区烟叶外观质量各有特点；不同烟区感官质量存在差异，各烟区烟叶感官质量各有优劣。说明烟叶质量与烟叶生长的生态环境及其生长发育状况密切相关，不同烟区烟叶质量各有特色。因此提出，探寻适合当地生态气候特点的烟叶生产技术和烘烤技术是提升烟叶工业可用性的可行途径。

关键词：不同烟区；K326；烟叶；外观质量；感官质量

烟叶质量的形成由烟叶的生长发育状况所决定，烟叶的生长发育状况必然与其生长的生态环境密切相关。研究发现，在不同种植区域、不同肥水条件下，K326 烟叶的田间长势和外观上存在不相同表现[1]，中间香型烟叶在不同生态区烟叶质量均存在显著差异[2]，不同大区域间生态环境的差异对烟叶质量的影响较大[3]。烟叶质量包括外观质量、感官质量、物理特征、化学成分及安全性等，其中外观质量和感官质量在烟叶采购和配方使用中占主导地位。因此，本研究通过对 K326 品种烟叶在广西中烟主要采购烟区的外观质量及感官质量对比分析，探讨不同生态环境下 K326 烟叶的相似性及彼此间的差异，以期揭示 K326 烟叶在不同烟区的质量特征，为特色优质烟叶生产和卷烟配方烟叶使用提供参考依据。

1　材料与方法

1.1　试验地概况

试验地设在云南曲靖市罗平县大水井乡、重庆市奉节县冯坪乡、湖南郴州市宜章县天塘镇、广西百色市靖西市岳圩镇、广西贺州市富川县麦岭镇。供试品种为玉溪中烟种子有限责任公司提供的 K326。各烟区烟叶生产基础数据见表 1。

表 1　各烟区烟生产基础数据

产地	生育期			施肥水平 （N：P_2O_5：K_2O）
	移栽高峰	进入团棵期	进入打顶期	
大水井乡	4月下旬	6月上旬	7月中旬	15.0：8.0：25.0
冯坪乡	4月底	6月上旬	7月上旬	10.0：10.4：29.7
天塘镇	3月下旬	4月下旬	6月上旬	8.0：17.0：27.0
岳圩镇	2月中旬	3月中旬	4月底	7.5：6.4：24.5
麦岭镇	3月中旬	4月上旬	5月下旬	11.0：6.7：31.2

1.2　方法

1.2.1　试验设计

在试验的乡镇随机抽取代表整体生产水平的 3 户农户各 3 块代表性田块作为跟踪调查对象，每个乡镇 9 个田块，共 45 个调查跟踪田块。

取样：随机选取初烤烟叶 X2F、C3F、B2F 3 个等级，将同一农户 3 块跟踪田块的 3 个样品同等级混合作为 1 个重复，每个烟区 3 个重复。麦岭镇未采烤下部叶，麦岭镇 X2F 没有取样参评。

1.2.2　烟叶外观质量评价

依据 GB 2635—1992《烤烟》分级标准，针对烟叶外观质量因素颜色、成熟度、叶片结构、身份、油分、色度等，由外观评价专家按 10 分制进行打分，对品质因素各档次赋以不同分值。质量越高，分值越高。其中颜色"桔黄"得分最高，"柠檬黄"和"深桔黄"得分次之；身份"中等"得分最高，"稍厚"和"稍薄"得分次之，"薄"和"厚"再次之。烟叶外观质量总分通过对评价指标按表 2 给出的权重进行计算，再将各外观指标之和乘以系数 10 转换为百分制。

表 2　烤烟外观质量指标的权重

指标	颜色	成熟度	叶片结构	身份	油分	色度
权重	0.30	0.25	0.15	0.12	0.10	0.08

1.2.3　烟叶感官质量评吸

烟叶切丝卷制成烟支后，评吸前将单料烟支置于温度（22±1）℃ 和相对湿度（60±2）% 的环境中平衡 48 h。以标准 YC/T138—1998《烟草及烟草制品　感官评价方法》为基础，由评吸委员会采用 9 分制对各项感官质量指标进行评吸打分，感官质量指标包括香气质、香气量、杂气、刺激性、余味等。感官质量总分通过对各感官质量指标按表 3 给出的权重进行计算，再将各感官指标之和乘以系数 11.1 转换为百分制。

表 3　烤烟感官质量指标的权重

指标	香气质	香气量	杂气	刺激性	余味
权重	0.30	0.25	0.15	0.12	0.10

1.3　数据处理

数据采用 Excel 2013 和 SPSS 19.0 软件进行统计。

2　结果与分析

2.1　不同烟区烟叶外观质量的差异

2.1.1　下部叶（X2F）

参评下部叶颜色以橘黄为主，成熟度较好，叶片结构疏松，身份稍薄，油分稍有至有，色度强至中。各烟区 K326 下部叶（X2F）外观质量得分情况见表 4。

表 4　K326 下部叶（X2F）外观质量评分

产地	等级	颜色	成熟度	叶片结构	身份	油分	色度	总得分
大水井乡	X2F	8.25	8.75	8.90	6.10	4.40	5.10	75.78a
冯坪乡	X2F	8.00	7.80	7.70	6.50	4.80	5.00	71.65b
天塘镇	X2F	7.20	7.40	7.50	6.00	5.60	5.50	68.55B
岳圩镇	X2F	7.00	7.40	8.10	8.20	4.90	6.00	71.19b

注：同列不同小写字母表示差异显著（$P<0.05$）；不同大写字母表示差异极显著（$P<0.01$）。

从表 4 可以看出，K326 下部叶（X2F）外观质量总得分以大水井乡 75.78 分最高，冯坪乡和岳圩镇次之，天塘镇最低。大水井乡与冯坪乡和岳圩乡差异显著，与天塘镇差异极显著，其余各乡镇之间无显著差异。大水井乡在颜色、成熟度、叶片结构上占优，油分有所欠缺；冯坪乡颜色和成熟度方面表现较好，油分和色度得分较低，颜色和成熟度权重较大，因此总分排第 2；岳圩镇在叶片结构、身份和色度上有优势；天塘镇油分得分较高，其他品质因素一般，油分权重较小，因此总分较低。

2.1.2 中部叶（C3F）

参评中部叶颜色橘黄，成熟度较好，叶片结构疏松，身份稍薄至中等，油分稍有至有，色度中至强，整体外观尚好。中部叶（C3F）外观质量得分情况见表 5。

从表 5 可以看出，K326 中部叶（C3F）外观质量总得分以冯坪乡 82.24 分最高，天塘镇大水井乡和岳圩镇次之，麦岭镇最低。冯坪乡与麦岭镇差异显著，其余各乡镇之间无显著差异。冯坪乡烟叶颜色、成熟度、身份和油分等方面得分最高，叶片结构和色度表现较好，因此总分最高；天塘镇烟叶色度得分最高，其他品质因素较高，综合外观水平较高，总分排第 2；大水井乡成熟度、叶片结构上占优，油分有所欠缺，因此总分比天塘镇烟叶稍欠；岳圩镇和麦岭镇中部叶各外观品质因素表现一般。

表 5　K326 中部叶（C3F）外观质量评分

产地	等级	颜色	成熟度	叶片结构	身份	油分	色度	总得分
大水井乡	C3F	8.10	8.50	8.75	8.00	5.90	5.00	78.18a
冯坪乡	C3F	8.80	8.50	8.50	8.50	7.00	5.80	82.24a
天塘镇	C3F	8.20	8.20	8.50	8.40	6.50	6.30	79.47a
岳圩镇	C3F	8.10	7.80	8.10	8.40	6.80	6.00	77.63a
麦岭镇	C3F	7.60	8.00	8.20	7.70	6.50	6.20	75.80b

注：同列不同字母表示差异显著（$P < 0.05$）。

2.1.3 上部叶（B2F）

参评上部叶颜色橘黄为主，岳圩镇和麦岭镇样品含有少量柠檬黄烟叶，成熟度较好，叶片结构尚疏松，身份中等至稍厚，油分有至稍有，色度强多数为强，大水井乡的色度为中至强。岳圩镇的整体外观质量表现略欠，其他烟区表现尚可。各烟区 K326 上部叶（B2F）外观质量得分情况见表 6。从表 6 可以看出，K326 上部叶（B2F）外观质量以冯坪乡总分 77.25 分最高，天塘镇和麦岭镇次之，岳圩镇和大水井乡较低。冯坪乡与各乡镇都存在显著差异，天塘镇与大水井乡和岳圩镇存在显著差异，其余各乡镇之间无显著差异。冯坪乡在颜色、成熟度上占优，其余品质因素都较高，因此总分最高；天塘镇色度得分最高，成熟度和叶片结构得分较高，成熟度权重较大，因此总分稍高；麦岭镇在叶片结构和身份上有一定优势，颜色和油分表现较差；岳圩镇油分得分最高，成熟度得分较低；大水井乡各外观品质因素表现不突出，总分最低。

表6 K326 上部叶（B2F）外观质量评分

产地	等级	颜色	成熟度	叶片结构	身份	油分	色度	总得分
大水井乡	B2F	8.25	8.10	6.25	6.25	6.75	6.60	73.91bc
冯坪乡	B2F	8.50	8.80	6.50	6.50	6.60	7.00	77.25a
天塘镇	B2F	8.10	8.60	6.50	5.90	6.60	7.20	74.99b
岳圩镇	B2F	8.10	8.00	6.20	6.70	7.00	6.70	74.00bc
麦岭镇	B2F	8.00	8.20	6.80	6.90	6.40	6.80	74.82b

注：同列不同字母表示差异显著（$P < 0.05$）。

2.2 不同烟区烟叶感官质量的差异

2.2.1 下部叶（X2F）

参评下部叶香气质中至中$^+$，香气量尚有，杂气略有，刺激性有，余味尚舒适、较干净，整体质量档次为中等。各烟区 K326 下部叶（X2F）感官质量见表7。从表7可以看出，K326 下部叶（X2F）感官质量总得分以冯坪乡 76.48 分最高，天塘镇次之，大水井乡和岳圩镇相对较低。冯坪乡与各乡镇都存在显著差异，天塘镇与大水井乡和岳圩镇存在显著差异，大水井乡和岳圩镇之间无显著差异。

冯坪乡在香气量、杂气、刺激性和余味上占优，香气质得分不低，总分最高；天塘镇香气质得分最高，香气量得分较高，香气质和香气量权重较大，因此总分较高；大水井乡香气质、杂气、余味等评吸感官指标表现较好，排名第3；岳圩镇各评吸感官指标表现一般，因此总分最低。

表7 K326 下部叶（X2F）感官质量评分

产地	等级	香气质	香气量	杂气	刺激性	余味	总得分
大水井乡	X2F	6.50	6.37	6.45	6.60	6.47	71.78bc
冯坪乡	X2F	6.50	7.00	7.50	7.00	7.00	76.48a
天塘镇	X2F	6.75	6.69	6.32	6.53	6.33	73.18b
岳圩镇	X2F	6.36	6.26	6.39	6.64	6.39	70.81bc

注：同列不同字母表示差异显著（$P < 0.05$）。

2.2.2 中部叶（C3F）

各烟区中部叶香气质中$^+$；香气量中$^+$；除岳圩镇杂气有至较轻外，其他烟区杂气稍有；稍有刺激；除岳圩镇余味较干净⁻、尚舒适⁺，其他烟区余味较干净、较舒适。烟叶感官质量整体质量档次中⁺至中偏上⁻。打分情况详见表8。

从表8可以看出，K326中部叶（C3F）感官质量总得分以冯坪乡79.37分最高，大水井乡次之，天塘镇紧跟其后，麦岭镇和岳圩镇相对较低。冯坪乡与大水井乡和天塘镇无显著差异，冯坪乡与麦岭镇和岳圩镇都存在显著差异，麦岭镇和岳圩镇存在显著差异，大水井乡和天塘镇之间无显著差异。

冯坪乡各感官质量指标较适宜，总分最高；大水井乡香气质、杂气、余味等得分相对较高，排名第2；天塘镇香气质和香气量较好，香气质和香气量权重较大，因此总分紧随其后；麦岭镇香气质和香气量等指标稍低于天塘镇，总分排第4；岳圩镇各评吸感官指标表现一般，因此总分最低。

表8 K326中部叶（C3F）感官质量评分

产地	等级	香气质	香气量	杂气	刺激性	余味	总得分
大水井乡	C3F	6.93	6.92	6.90	7.00	6.88	76.89a
冯坪乡	C3F	7.00	7.50	7.00	7.00	7.00	79.37a
天塘镇	C3F	6.85	6.97	6.77	6.87	6.69	76.09a
岳圩镇	C3F	6.36	6.47	6.35	6.44	6.43	71.22bc
麦岭镇	C3F	6.80	6.81	6.75	6.60	6.73	75.00b

注：同列不同字母表示差异显著（$P<0.05$）。

2.2.3 上部叶（B2F）

参评上部叶香气质中至中⁺，香气量尚有至尚足，杂气稍有至有⁺，刺激性稍有至有，余味较舒适、干净，大水井乡上部叶有甜感。整体质量档次为中⁻至中⁺。上部叶（B2F）感官质量见表9。从表9可以看出，K326上部叶（B2F）感官质量总得分以天塘镇74.06分最高，麦岭镇次之，大水井乡紧跟其后，岳圩镇和冯坪乡相对较低。天塘镇与麦岭镇和大水井乡无显著差异，天塘镇与岳圩镇和冯坪乡都存在显著差异，其他乡镇无显著差异。

天塘镇各感官质量指标有一定优势，总分最高；麦岭镇香气质和香气量等指标稍低于天塘镇，而优于其他乡镇，因此总分排第2；大水井乡香气质和香气量等指标得分高于岳圩镇和冯坪乡，香气质和香气量权重较大，排名第3；岳圩镇和冯坪乡各感官指标都相对较低，总得分靠后。

表9 K326上部叶（B2F）感官质量评分

产地	等级	香气质	香气量	杂气	刺激性	余味	总得分
大水井乡	B2F	6.48	6.58	6.38	6.45	6.38	71.93a

续表

产地	等级	香气质	香气量	杂气	刺激性	余味	总得分
冯坪乡	B2F	6.00	6.50	6.50	6.00	6.00	68.71b
天塘镇	B2F	6.69	6.79	6.56	6.62	6.53	74.06a
岳圩镇	B2F	6.19	6.37	6.16	6.21	6.17	69.28b
麦岭镇	B2F	6.65	6.65	6.48	6.48	6.50	73.10a

注：同列不同字母表示差异显著（$P < 0.05$）。

3 小结与结论

从外观质量来看，不同烟区下部和中部叶存在差异的产地少，上部叶存在差异的产地较多。具体到各烟区，大水井乡下部叶颜色全部属基本色域、成熟度整体较好、叶片结构上疏松，外观质量表现较好。冯坪乡中部和上部叶各外观品质因素得分相对均衡，总体外观质量表现较好。天塘镇颜色、成熟度和身份表现较好。岳圩烟叶中部和上部叶成熟度需进一步提升。麦岭镇中部叶成熟度、油分和色度需进一步改善。

从感官质量来看，不同烟区感官质量存在差异。其中大水井中部和上部叶感官质量较好，但下部叶感官质量有待提升一个档次。冯坪乡下部和中部叶评吸感官质量在香气质、香气量、柔细度及舒适性方面表现较好，上部叶在杂气、刺激性、舒适性方面有所欠缺。天塘镇上部叶评吸感官指标有一定优势。岳圩镇烟叶在香气质、香气量、杂气、刺激等方面有待进一步提升。麦岭镇烟叶在香气质、杂气、刺激性等方面表现尚好，在香气量、柔细度、甜润感等方面表现稍显不足。

烟叶质量与烟叶生长的生态环境及其生长发育状况密切相关，不同烟区烟叶质量各有特色。生产优质适用的烟叶，与当地土壤和气候条件相适应，与生产技术也有较大关系。在生态条件一定的情况下，优质烟叶生产与开发，需要围绕当地生态特色，发挥得天独厚的自然生态条件，提高烟叶生产技术，尤其加强水肥管理，加强田间成熟度控制，探寻适合当地烟叶生长特点的烘烤技术，不断改进生产条件和手段，提高生产过程的调控能力，以保持烟叶质量的稳定和可用性的提高。

参考文献

[1] 王亚平，范坚强，包可翔，等. 云烟87和K326在南平烟区农艺性状及烟叶质量对比分析[J]. 作物研究，2013，27（6）：584-586.

[2] 罗永露，赵杰宏，苏贤坤，等. 中间香型烟叶不同生态区烤烟K326的烟叶质量分析[J]. 广东农业科学，2014（19）：16-19.

[3] 王岚，杨继周，蒋美红，等．云南省不同烟区 K326 烟叶的常规化学成分比较 [J]．安徽农业科学，2012，40（3）：1369-1371.

[4] 沈利臣，卢晓华，刘元德，等．不同烟区烟叶外观质量与其感官评吸质量的关系分析 [J]．安徽农学通报，2019（17）：12-15.

[5] 吴兴富，肖炳光，曾建敏，等．施肥量对烤烟 KRK26 和 K326 主要化学成分含量和感官质量的影响 [J]．江西农业大学学报，2012，34（4）：652-657.

[6] 韦建玉，金亚波，吴峰，等．烤烟品种 K326、云烟 85 及云烟 87 的适应性研究 [J]．安徽农业科学，2008，36（6）：2362-2372.

[7] 周义和，尹启生，宋纪真，等．中国烟叶质量 [M]．北京：化学工业出版社，2021：80-90.

[8] 尹启生，陈江华，王信民．2002 年度全国烟叶质量评价分析 [J]．中国烟草学报，2003，9（11）：59-70.

[9] 李亚飞，喻奇伟，符云鹏，等．不同海拔生态条件对烤烟化学成分的影响 [J]．江苏农业科学，2012，40（4）：88-91.

[10] 张丰收，程传策，李伟，等．品种和栽培模式及其互作对烤烟生长和主要质量性状的影响 [J]．江西农业学报，2012，24（4）：129-134.

[11] 李玉高．浅议烟叶的产地效应 [J]．中国农学通报，2006，22（6）：155-158.

[12] 国家烟草专卖局．烟草及烟草制品感官评价方法：YC/T 138 — 1998 [S]．1998.

集中落黄烤烟新品系的生理特征和遗传分析

李东徽[1,2]，周东波[3]，陈明丽[1]，赵泽玉[4]，彭宇[3]，蒲文宣[3]，龚达平[1]，张银霞[3*]

（1. 中国农业科学院烟草研究所；2. 中国农业科学院研究生院；3. 湖南中烟工业有限责任公司；4.湖北中烟工业有限责任公司；*.通信作者）

摘要：烟草（*Nicotiana tabacum* L.）作为一种重要的叶用经济作物，叶色是反映其成熟度的主要标志。为揭示烟草集中落黄烤烟新品系（PYK326）的生理特性及性状遗传规律，以烟草集中落黄突变体（PY）和栽培品种 K326 构建的一对近等基因系 PYK326 和 K326 为试验材料，在烤烟旺长期和打顶后不同时期测定分析了其主要农艺性状、叶绿素含量、PS Ⅱ光化学最大效率（maximal PS Ⅱ efficiency，Fv/Fm）、淀粉、可溶性糖以及烘烤特性等生理指标。结果显示，PYK326 新品系的主要农艺性状与 K326 无显著差异，在成熟期表现为叶片集中落黄，生育期明显缩短；打顶后各时期叶绿素含量均低于对照，而二者的 Fv/Fm 无显著差异；适熟期中部烟叶的淀粉及可溶性糖含量显著低于对照。暗箱试验结果表明，PYK326 新品系的易烤性优于对照 K326，耐烤性与 K326 无显著差异。利用 PY 与 K326 构建 F_2 和 BC_1 分离群体进行遗传规律分析表明，烟叶集中落黄性状是由一对显性基因调控。相关研究结果为后续定位克隆突变基因及阐明烟草集中落黄特性的分子机理提供了科学依据。

关键词：烤烟；集中落黄；生理特征；遗传分析

烟草（*Nicotiana tabacum* L.）是一种叶用经济作物，其烟叶在成熟过程中叶绿素

李东徽，周东波，陈明丽，等. 集中落黄烤烟新品系的生理特征和遗传分析 [J/OL]. 分子植物育种，2022. https://kns.cnki.net/kcms/detail/46.1068.S.20220511.1613.006.html.

自然降解，表现为分层落黄[1]，需要进行 3~5 次采收，极大地增加了烟草生产的工作量。因此，缩短烟叶成熟期、提高烟叶的成熟集中度有利于减少烟叶采收和烘烤成本。同时，烟草质体色素（叶绿素、类胡萝卜素等）在烟草的调制加工过程中会发生降解，色素降解速率快的品种在烘烤过程中烟叶变黄速度快，具有较好的易烤性，青烟率有效降低[2]。此外，质体色素的降解会产生很多挥发性香气物质（如叶绿素降解会产生新植二烯），这些致香成分的种类及含量对烟草的吸食品质具有重要影响[3]。

目前在烟草中发现多种叶色突变体，主要包括白肋、灰黄色、紫色和黄铜色等类型[4]。其中，白肋烟是混合型卷烟的重要原料之一，其茎秆和叶脉为乳白色，叶片为浅绿色，该性状受两对隐性核基因控制。黄叶型突变体在整个生育期总叶绿素含量为正常绿色植株的 65% 左右，可以用于培育一次或者两次成熟的烟草新品种[5]，相关研究表明黄叶性状由两对独立遗传的隐性核基因控制[6]。黄绿型突变体其叶色在旺长期前表现为正常绿色，但进入旺长期之后，叶色逐渐发黄，叶脉开始发白，与正常烟株区别明显，孙明铭等[7]发现黄绿型性状由一对隐性基因控制。紫色型突变体叶片内紫色素超量合成导致叶片呈现紫色，研究表明紫色性状是由 B 染色体上的显性基因"R"控制的。但是，目前关于烟草成熟期集中落黄的突变体研究还少见报道。

中国农业科学院烟草研究所保存的烟草集中落黄突变体（PY），在打顶前呈现正常绿色，进入成熟期后植株表现为集中落黄，本研究以 PY 为供体亲本，K326 为受体亲本，连续 5 代回交，培育了 PYK326 新品系。该品系具有良好的应用潜力，但其生理特性、烘烤特性和遗传机制尚不清楚。因此，通过对 K326 和 PYK326 成熟期的叶绿素含量、PSⅡ最大光化学效率、淀粉和可溶性糖含量的测定与比较分析，旨在揭示集中落黄烤烟新品系的生理特征，为烟草遗传改良和种质创新提供科学依据。同时，通过对 PYK326 新品系的烟叶在暗箱条件下变黄和变褐特性研究，以期探索该新品系的烘烤特性并为提高其烟叶烘烤质量提供依据。进一步利用烟草集中落黄突变体 PY 与 K326 构建 F_2 和 BC_1 分离群体，分析了集中落黄突变性状的遗传规律，为后续相关突变基因的进一步挖掘和研究提供科学依据。

1　结果与分析

1.1　PYK326 与 K326 的表型特征和主要农艺性状

田间调查发现，在 2020 年 7 月 16—19 日，PYK326 与 K326 同时到达盛花期。在盛花期 PYK326 与 K326 的叶色无明显差异（图 1）。在成熟期，与 K326 相比，PYK326 的下部叶落黄早 3~5 d，中、上部叶落黄早 10~12 d，生育期缩短 10 d（表 1），植株表现集中落黄。而 PYK326 的打顶株高、可采叶数、最大叶长和最大叶宽等主要农艺性状与对照K326无显著差异（图2）。

图 1　K326 和 PYK326 盛花期（左）和成熟期（右）植株表型比较

表 1　K326 和 PYK326 适熟期与大田生育期比较

品种（系）	下部叶适熟期 [a]/d	中部叶适熟期 [b]/d	上部叶适熟期 [c]/d	大田生长期 [d]/d
K326	13～15	29～32	50～53	122
PYK326	10～13	19～22	40～43	112

注：a，烟叶打顶至下部叶成熟天数；b，烟叶打顶至中部叶成熟天数；c，烟叶打顶至上部叶成熟天数；d，烟苗移栽至大田到烟叶采收结束总天数。

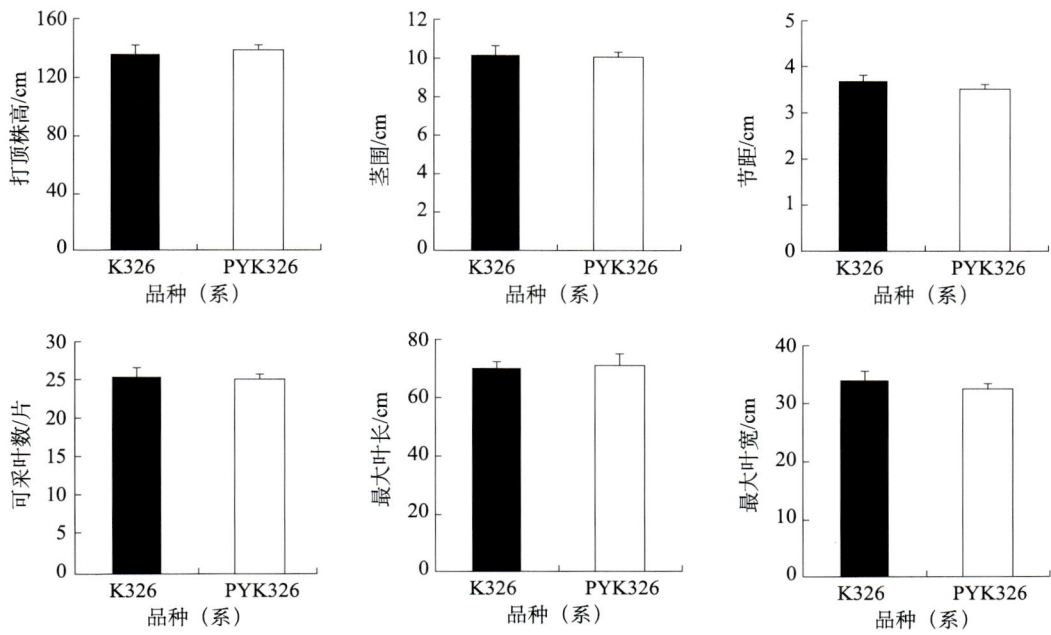

图 2　K326 和 PYK326 成熟期主要农艺性状比较

1.2 PYK326 与 K326 不同时期光合色素含量和 Fv/m 的比较

PYK326 植株上、中和下部叶片的叶绿素 a、叶绿素 b 和总叶绿素含量在旺长期与 K326 无显著差异（图 3），在烟叶打顶后均低于 K326。其中，下部烟叶在打顶后 12 d 达到最大差值，分别比 K326 低 43%、34% 和 38%；中部烟叶在打顶后 20 d 达到最大差值，分别比 K326 低 28%、36% 和 30%；上部烟叶在打顶后 23 d 达到最大差值，分别比 K326 低 18%、33% 和 23%。烟叶打顶后 1 d 至成熟采收，PYK326 上、中和下部烟叶的叶绿素含量平均下降速率分别为 0.064 mg/（g·d）、0.050 mg/（g·d）、0.077 mg/（g·d），而 K326 的上、中和下部叶绿素含量平均下降速率分别为 0.048 mg/（g·d）、0.041 mg/（g·d）、0.058 mg/（g·d）。结果表明，在成熟期，PYK326 的叶绿素含量平均下降速率大于 K326，导致其落黄速度较快，植株表现为集中落黄。

与 K326 相比，PYK326 在旺长期和打顶后各时期上、中和下部烟叶的叶绿素 a 与叶绿素 b 的比值均无显著差异（图 3）。

PYK326 与 K326 不同部位烟叶的 PS Ⅱ 光化学最大效率（maximal PS Ⅱ efficiency，Fv/Fm）表现为下部叶 > 中部叶 > 上部叶（图 3），同一部位烟叶 Fv/Fm 均无显著差异，表明打顶后两品系叶绿素潜在光合速率随着叶位的降低而逐渐升高，同一部位烟叶的叶绿素潜在光合速率处于同一水平。

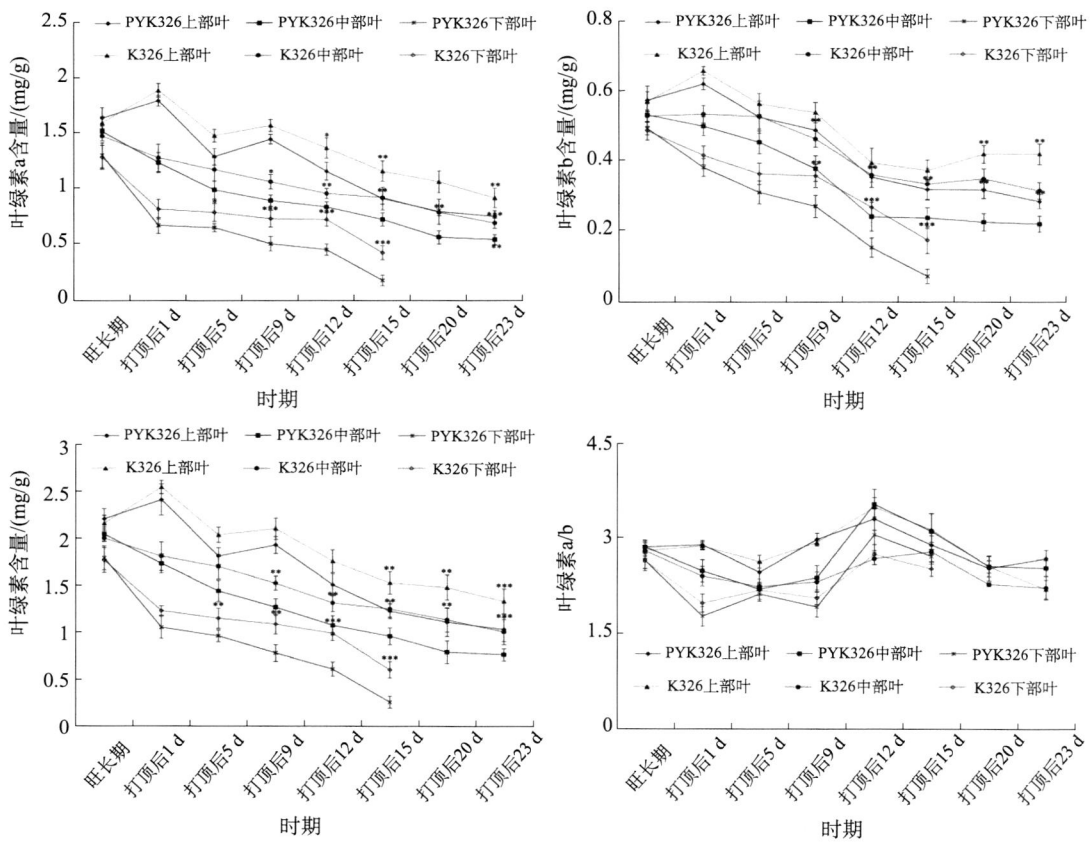

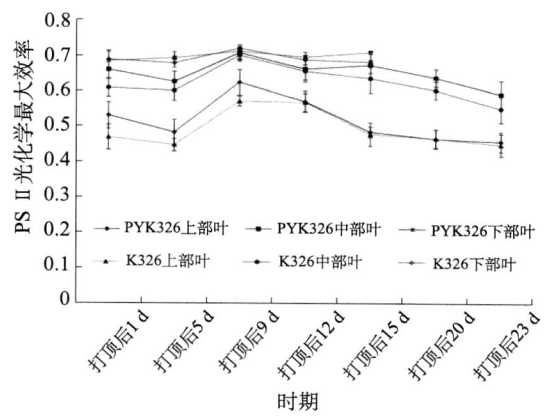

图 3　PYK326 和 K326 不同时期光合色素含量及 Fv/Fm

注：*，在 0.05 水平上差异显著；**，在 0.01 水平上差异显著；***，在 0.001 水平上差异显著。

1.3　PYK326 与 K326 成熟期淀粉和可溶性糖含量的比较

PYK326 与 K326 中部烟叶直链淀粉、支链淀粉以及淀粉总含量测定结果表明，从旺长期至烟叶打顶后 23 d，二者中部叶片的直链淀粉、支链淀粉以及淀粉总含量均呈现先升高后降低的变化趋势（图 4）。PYK326 和 K326 的直链淀粉含量分别在打顶后 12 d 和 15 d 达到最大值，含量分别为 70.5 mg/g 和 70.2 mg/g。PYK326 的支链淀粉和淀粉总含量均在打顶后 15 d 达到最大值，含量分别为 257.9 mg/g 和 312.8 mg/g，达到峰值时间较 K326 提前 5 d。PYK326 的直链淀粉、支链淀粉以及淀粉总含量在烟叶成熟前期（打顶后 1~12 d）高于 K326，而在成熟后期（打顶后 20~23 d）显著低于 K326，均在打顶后 23 d 达到最大差值。

PYK326 与 K326 中部叶支链淀粉与直链淀粉比值从旺长期到打顶后 23 d 均呈现逐渐上升的变化趋势（图 4），在打顶后 15 d 具有最大差值，其他时间点均无显著差异。

PYK326 中部叶从旺长期到打顶后 15 d 可溶性糖含量逐渐增加，达到峰值后开始下降（图 4）。而对照 K326 中部叶的可溶性糖含量从旺长期到打顶后 23 d 各时期均呈现逐渐上升趋势。PYK326 中部叶的可溶性糖含量在旺长期至打顶后 1 d 与对照 K326 无显著差异，在打顶后 5~15 d 高于对照 K326，然后随着可溶性糖含量的下降而逐渐低于对照 K326。

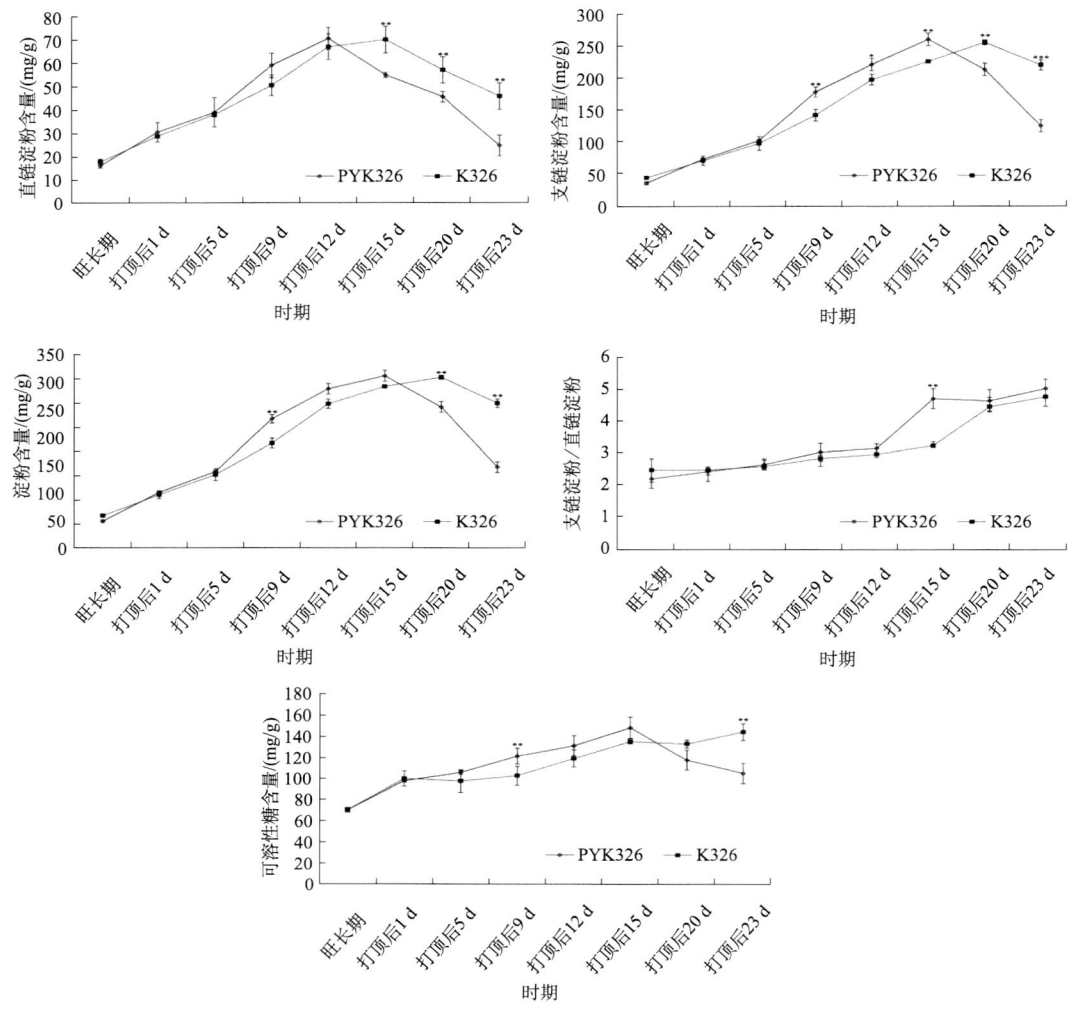

图 4　PYK326 和 K326 中部叶不同时期淀粉组分和可溶性糖含量

注：*，在 0.05 水平上差异显著；**，在 0.01 水平上差异显著；***，在 0.001 水平上差异显著。

1.4　暗箱试验

PYK326 与 K326 中部烟叶的暗箱试验显示，在 12 h 时 PYK326 变黄程度显著高于 K326（图 5）；在 24 h，PYK326 的烟叶变黄程度达到 50%，而 K326 为 20%；在 60 h，PYK326 的叶片变黄程度接近 100%，而 K326 为 80%；在 84 h，K326 的叶片变黄程度接近 100%。该结果说明 PYK326 与 K326 相比变黄期明显缩短，更易烘烤。

在暗箱试验各时间点，PYK326 和 K326 中部烟叶的变褐程度均无显著差异（图 5）。二者均在 48 h 开始变褐；在 252 h 时 PYK326 和 K326 的叶片变褐程度均接近 100%。结果表明，PYK326 和 K326 的耐烤性无显著差异。

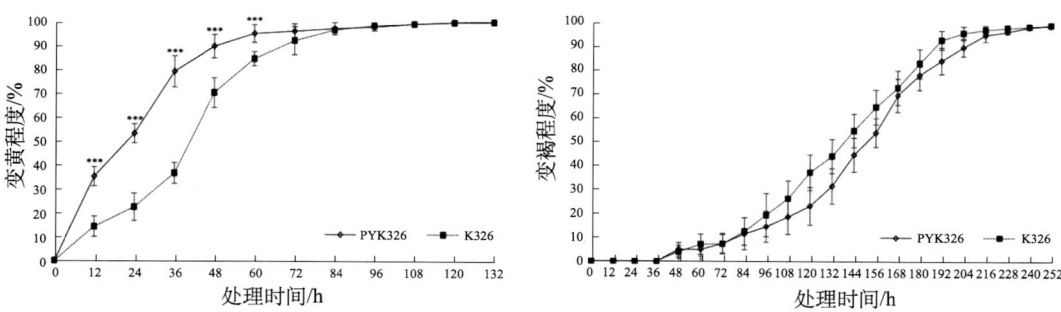

图 5　PYK326 和 K326 中部成熟叶片在暗箱中自然变黄和变褐情况

注：***，在 0.001 水平上差异显著。

1.5　烟草集中落黄突变性状的遗传分析

PY、K326、F_1、F_2 和 BC_1 群体的表型鉴定结果表明，F_1 代植株叶色与 PY 的表型一致，均表现为成熟期集中落黄（表 2）。F_2 群体中 293 株表现为成熟期集中落黄，102 株与 K326 表型一致，χ^2 检验分离比符合 3∶1。BC_1 群体中 246 株表现为成熟期集中落黄，225 株与 K326 表型一致，χ^2 检验分离比符合 1∶1。结果表明，烟草集中落黄突变性状由一对显性基因控制。

表 2　F_2 和 BC_1 群体集中落黄性状分离和卡方测验

群体	植株总数/株	突变型数/株	野生型数/株	实际比例	χ^2	χ^2（0.05，1）
F_1	35	35	0	0	—	—
F_2	395	293	102	2.87∶1	0.14	0.76
BC_1	471	246	225	1.09∶1	0.33	0.94

2　讨论

叶色突变体中大部分的性状突变是因其质体色素的含量变化或不同质体色素所含的比例发生改变导致的。当植物受到外界胁迫或基因突变时，质体色素含量和 Fv/Fm 会出现剧烈变化[8]。烟草叶片中叶绿素含量对烟草植株的生长发育、成熟烘烤以及烟叶品质同样具有重要影响[9]。本试验中，PYK326 新品系在打顶之前叶绿素含量与对照 K326 无显著差异，在成熟期叶绿素含量均显著低于对照 K326。但是，PYK326 新品系与 K326 的 Fv/Fm 值无显著差异，说明集中落黄突变体中并未出现光抑制等胁迫的情况，其潜在光合效率与正常品种接近。相关研究表明，限制植物光合作用的因子主要在 CO_2 同化阶段，而非叶片中的叶绿素含量，因此叶绿素含量下降不会引起光合速率出现剧烈变化[10]。此外，PYK326 新品系各部位的叶绿素含量平均下降速率大于 K326，其落黄速度较快，生育期较 K326 缩短 10 d，植株表现为集中落黄。PYK326 新品系的成熟期集中落黄的特性可有效地增加单次采收叶片数，减少采收次数，有利于机械化采收。

烟草通过光合作用合成并积累淀粉等糖类化合物，在烟叶成熟过程中，淀粉降解后生成葡萄糖再经一系列转化，进一步合成萜类等次生物质[11]。但是，烟叶中淀粉形态的碳水化合物较多时，会影响燃烧速度和燃烧的完全性，并在燃烧时产生糊焦气味，降低烟草品质[12]。PYK326 新品系在打顶后 15～23 d 中部叶淀粉和可溶性糖含量迅速下降，PYK326 中部叶适熟期淀粉含量为 147.8 mg/g，相比对照 K326 降低约 43.9%。前人研究表明，秦烟 96 和豫烟 6 号中部烟叶适熟期的淀粉含量在 250～300 mg/g[13]。PYK326 新品系在烟叶适熟期叶片中淀粉含量显著低于其他栽培品种。同时，PYK326 中部叶适熟期可溶性糖含量为 105.9 mg/g，相比对照降低约 27.3%。上述结果表明，PYK326 新品系在烟叶成熟后期，淀粉和可溶性糖迅速降解，有利于萜类代谢物的合成以及烟叶的调制加工。

烤烟烘烤特性分为易烤性和耐烤性两个方面[14]。易烤性取决于叶片变黄容易程度和其与脱水过程的同步程度，耐烤性反映烟叶在烘烤过程中表现出来的耐受性。烟叶中的叶绿素降解速度和叶绿素降解量对烤烟烘烤特性具有重要影响。叶绿素降解速度越快、降解量越大，烟叶越容易变黄，易烤性好[15]。暗箱试验结果表明，与对照 K326 相比，PYK326 新品系变黄速度较快，说明 PYK326 新品系的烘烤过程中叶绿素降解速率快、降解量大，其易烤性较好。因此，PYK326 新品系可用于改良烤烟品种的烘烤特性。

目前，对烟草叶色突变体的研究大多仅限于突变性状的遗传分析，只有白肋烟的性状由 2 个隐性基因 *ws1a* 和 *ws1b* 调控，且 *ws1a* 和 *ws1b* 编码锌金属蛋白酶，与拟南芥 EGY1 蛋白和番茄中的 Lutescent 2 蛋白高度同源[16]。通过控制类囊体膜的形成参与叶绿体的发育。本试验初步明确了集中落黄突变性状是由一对显性基因控制。基于上述结果，后续可采用图位克隆、BSA 混池测序、转录组测序以及基因编辑等手段深入开展突变基因克隆及烟草集中落黄突变性状的分子机理解析。

3　材料与方法

3.1　试验材料

本试验以烟草 PY 和 K326 的杂交 F_1 代、F_1 自交或回交获得的 F_2 和 BC_1 分离群体进行遗传规律分析；以 F_1 与 K326 连续多代回交、自交获得 BC5 F3（PYK326）新品系和 K326 为试验材料进行生理特征分析。上述所有材料于 2020 年种植在山东诸城，每个材料种植 3 个小区，行距 120 cm，株距 50 cm。栽培措施参考当地烤烟标准化生产技术方案进行。

3.2 样品采集

分别在旺长期、打顶后 1 d、5 d、9 d、12 d 和 15 d 选各小区长势一致的 PYK326 与对照 K326 选各小区长势一致的烟株，每个小区取 3 株，3 次重复。每个单株选取下部叶（第 4 片）、中部叶（第 10 片）和上部叶（第 16 片）；打顶后 20 d 和打顶后 23 d，每个单株选取中部叶（第 10 片）和上部叶（第 16 片）。样品用于叶绿素含量、Fv/Fm、淀粉和可溶性糖含量测定。

3.3 形态特征和主要农艺性状调查

在平顶期（打顶后 9 d）对 PYK326 与对照 K326 的株高、茎围、节距、可采叶数、最大叶长与最大叶宽进行测定，同时观察整个生育期叶色变化情况。

3.4 叶绿素含量的测定

称取 0.2 g 鲜样，用 95% 乙醇浸提，使用岛津 SHIMADZU 紫外分光光度计 UV-2900 分别测定叶绿素浸提液在 645 nm、663 nm 波长下的吸光度值，利用 Arnon 公式计算叶绿素 a 浓度（C_a）、叶绿素 b 浓度（C_b）及总叶绿素浓度（C_{a+b}），并换算成每克鲜重的叶绿素含量。参考式[17]为：

$$C_a = 12.7 \times OD_{663} - 2.69 \times OD_{645};$$
$$C_b = 22.9 \times OD_{645} - 4.68 \times OD_{663};$$
$$C_{a+b} = C_a + C_b = (C_{a+b} \times V) \div (M \times 1\,000)。$$

式中，OD 表示光密度；C 表示色素浓度（mg/L）；V 表示乙醇体积（mL）；M 表示样品质量（g）。

3.5 PSII 光化学最大效率测定

使用 OPTI-SCIENCES 公司的 OS1p 型脉冲叶绿素荧光仪测定植株上、中、下部叶片的 Fv/Fm。

3.6 淀粉和可溶性糖含量测定

待测材料利用 GOLD-SIM 冷冻干燥仪进行冷冻干燥，研磨成粉后，采用淀粉和可溶性糖检测试剂盒（BC4260、BC4270、BC0030，北京索莱宝科技有限公司）对烟叶中的直链、支链淀粉和可溶性糖含量进行测定。

3.7 暗箱试验

分别在 PYK326 中部叶适熟期（打顶后 20 d）和 K326 中部叶适熟期（打顶后 30 d），选取叶面 70% 左右黄绿、发皱、显成熟斑，茸毛部分脱落，主脉、支脉变白，叶尖、叶缘下垂的中部叶（第 9～11 片）各 10 片[18]。将其放在暗箱中（黑暗避光，不通风），常温下进行试验。每隔 12 h 观察 1 次叶片变黄或变褐的面积占烟叶总面积的比例，求得平均值，对烟叶在此过程中的变黄和变褐程度进行观察记录。根据烟叶变黄和变褐速率评价烟叶的烘烤特性。

3.8 遗传分析

在打顶后 15 d（下部烟叶采收时期）对亲本、F_1、F_2 和 BC_1 群体的集中落黄特征进行表型鉴定，分别统计突变株和正常株的数目，并对统计结果采用 SAS 统计分析软件进行 χ^2 检测分离比适合度，分析集中落黄突变性状的遗传规律。

3.9 数据统计分析

试验数据采用 SPSS Statistics 22.0 软件进行方差分析（ANOVA），使用 t 检验进行差异显著性分析。

参考文献

[1] 陈春艳，刘仁祥，聂琼，等. 突变体黄叶性状基因对烟叶集中成熟的影响 [J]. 江西农业学报，2011，23（3）：106-108.

[2] 周诚，郭鸿雁，邓世媛，等. 优质烤烟烘烤特性的研究进展 [J]. 广东农业科学，2014，41（10）：14-17.

[3] 杨立均，宫长荣，马京民. 烘烤过程中烟叶色素的降解及与化学成分的相关分析 [J]. 中国烟草科学，2002，23（2）：5-7.

[4] 陈明丽，龚达平. 烟草重要基因篇：12. 烟草叶色相关基因 [J]. 中国烟草科学，2015，36（6）：112-114.

[5] 雷红梅，刘仁祥，聂琼，等. 一份烤烟烟叶突变材料的叶色遗传规律 [J]. 贵州农业科学，2009，37（8）：19-21.

[6] 雷红梅，聂琼，刘仁祥，等. 烟草黄叶突变体光合特性的研究 [J]. 贵州农业科学，2010，38（4）：9-11.

[7] 孙明铭，蒋彩虹，罗朝鹏，等. 烟草黄绿叶突变体的遗传分析与基因定位 [J]. 植物遗传资源学报，2018，19（5）：942-950.

[8] 吴甘霖，段仁燕，王志高，等．干旱和复水对草莓叶片叶绿素荧光特性的影响[J]．生态学报，2010，30（14）：3941-3946．

[9] 仙立国，黄一兰，王松峰，等，翠碧一号鲜烟素质及烘烤特性研究[J]．中国烟草学报，2020，26（3）：66-72．

[10] 曹莉，王辉，孙道杰，等．小麦黄化突变体光合作用及叶绿素荧光特性研究[J]．西北植物学报，2006，6（10）：2083-2087．

[11] 王春丽，梁宗锁，李殿荣，等．生长调节物质和可溶性糖含量对丹参中丹酚酸类物质积累的影响[J]．植物生理学报，2012，48（2）：83-90．

[12] 张潇骏，王万能，谭兰兰，等．不同烘烤工艺对烟叶淀粉含量及淀粉酶活性的影响[J]．烟草科技，2015，48（5）：57-60，79．

[13] 潘飞龙，田维强，宋朝鹏，等．烤烟成熟期淀粉代谢关键酶活与基因表达研究[J]．西北农林科技大学学报，2019，47（9）：34-42．

[14] 张玉琴，李青山，王传义，等．烤烟烟叶成熟过程中的颜色参数与烘烤特性研究[J]．西南农业学报，2018，31（1）：62-67．

[15] 王传义，张忠锋，徐秀红，等．烟叶烘烤特性研究进展[J]．中国烟草科学，2009，30（1）：38-41．

[16] WU X, GONG D, XIA F, et al. A two-step mutation process in the double WS1 homologs drives the evolution of burley tobacco, a special chlorophyll-deficient mutant with abnormal chloroplast development[J]. Planta, 2020, 251(1): 10.

[17] 曾建敏，姚恒，李天福，等．烤烟叶片叶绿素含量的测定及其与SPAD值的关系[J]．分子植物育种，2009，7（1）：56-62．

[18] 刘辉，祖庆学，王松峰，等．不同成熟度对鲜烟素质和烤后烟叶质量的影响[J]．中国烟草科学，2020，41（2）：67-71．

施氮量对贺州市烤烟 K326 生长、产量及质量的影响

李群岭[1]，张兵[2]，杨祝军[1]，林小兴[1]，刘惠生[2]，路小改[1*]

（1. 广西中烟工业有限责任公司；2. 广西壮族自治区烟草公司贺州市公司；*. 通信作者）

摘要：为探索贺州市烤烟 K326 适宜的施氮量，研究了不同施氮量对烤烟农艺性状、经济性状、外观质量、化学成分和评吸质量的影响。结果表明：随着施氮量的增加，株高、叶片数、最大叶长、最大叶宽和最大叶面积均呈逐渐增加的趋势，烟叶产量逐渐增加，上中等烟比例逐渐降低，烟叶产值、均价及上等烟比例均呈先升高后降低的趋势；施氮量偏低会导致中部叶颜色偏浅、身份变薄、油分减少，施氮量偏高会导致上部叶颜色偏暗、成熟度降低、身份变厚、结构僵硬；烟叶总糖、还原糖、淀粉含量和糖碱比逐渐降低，总植物碱和总氮含量逐渐升高，钾、氯含量及氮碱比、还原糖与总糖比变化不明显；施氮量偏低会造成中部叶香气质差、香气量不足，施氮量偏高会造成上部叶杂气重、刺激性过大。综合分析，贺州市种植烤烟 K326 的适宜施氮量为 165 kg/hm^2。

关键词：烤烟；K326；施氮量；农艺性状；经济效益；烟叶品质

氮素是影响烤烟生长发育、产量和品质的重要营养元素之一[1]，施用氮肥是促进烤烟生长、保证产量、改善品质的重要技术措施[2]。施氮量偏低会导致烟株营养缺乏、生长发育受阻、产量较低和品质较差[3]；施氮量偏高，不仅会造成烟株营养过剩，影

响烟叶产量和品质，而且会造成肥料流失，并污染环境[4]；适宜的施氮量有利于烤烟生长发育，烟叶产量较高和品质较好[5]。东南烟区由于降水量较多，肥料流失量大，肥料利用率低，烤烟的推荐施氮量远高于全国平均水平[6]。

贺州市位于东南烟区，当地部分烤烟种植户在较高氮肥推荐施用量情况下仍继续加大施肥量。盲目施肥导致烟株生长过旺、叶片下垂，表现出"天盖地"现象，甚至出现"黑暴烟"现象，造成叶片难以落黄，烤后烟叶身份过厚，青杂烟比例较高，虽然生物产量高，但有效产量低，且烟碱含量偏高，严重影响烟叶品质和经济效益。因此，明确贺州市种植烤烟 K326 的适宜施氮量是实现优质适产的关键技术措施。

1 材料与方法

1.1 试验地概况

试验于 2021 年在广西富川县古城镇茶源村进行。试验地前作为水稻，地势平坦，排灌方便，土壤肥力状况：碱解氮 149.2 mg/kg，有效磷 64.3 mg/kg，速效钾 124.6 mg/kg，有机质 3.1%，pH 6.1。

1.2 试验材料

供试烤烟品种为 K326。供试肥料包括烤烟专用复混肥（12-9-24）、硫酸钾（K_2O 含量为 50%）、过磷酸钙（P_2O_5 含量为 12%）、商品有机肥（总养分含量 5.2%）和发酵花生麸（纯 N 含量为 5.5%）。

1.3 试验设计

试验共设 5 个施氮量（按纯氮计）处理，分别为施纯氮 135 kg/hm²、150 kg/hm²、165 kg/hm²、180 kg/hm²、195 kg/hm²。采用随机区组设计，每个处理 3 次重复，共 9 个小区，每个小区栽烟 50 株，株行距为 50 cm×125 cm。各处理肥料均按氮∶磷∶钾＝1.0∶1.0∶2.5 的比例施用，氮肥用量的 40% 与全部过磷酸钙、商品有机肥和发酵花生麸混合均匀作基肥条施，氮肥用量的 60% 作追肥，于栽后 15 d 和栽后 30 d 分 2 次追施。硫酸钾于大培土时全部施入土壤。中心花开放时打顶，优化去除下部 4～6 片不适用烟叶和上部不能开片伸展的烟叶。其他栽培管理措施按当年富川县烤烟生产技术方案进行。

1.4 测定项目与方法

1.4.1 农艺性状调查

圆顶期，每个小区选取连续 10 株烤烟（病株不计），按照 YC/T 142—2010《烟草农艺性状调查测量方法》调查农艺性状，调查项目包括株高、叶片数、最大叶长、最大叶宽和最大叶面积（最大叶长 × 最大叶宽 ×0.634 5）。

1.4.2 经济指标统计

各小区烤后烟叶按照 GB 2635—1992《烤烟》进行分级，统计产量、产值、均价、上等烟比例和上中等烟比例。

1.4.3 外观质量评价

烟叶外观质量按照杨丽平等[7]提供的方法进行评价。评价指标和权重为：颜色 0.30、成熟度 0.25、叶片结构 0.15、身份 0.12、油分 0.10、色度 0.08。烟叶外观质量综合评分采用指数和法进行统计。

1.4.4 化学成分检测

烟叶化学成分由广西中烟工业有限责任公司实验室使用连续流动分析仪（AA3，德国 SEAL 公司）进行检测。

1.4.5 评吸质量

烟叶评吸质量由广西中烟工业有限责任公司评吸专家采用 9 分制对评吸指标进行打分。综合得分 =（香气质 ×0.3+ 香气量 ×0.3+ 杂气 ×0.08+ 刺激性 ×0.15+ 余味 × 0.17）×11.11。

1.5 数据统计与分析

使用 Excel 2013 和 DPS 19.05 对数据进行统计和分析，并用 Duncan's 新复极差法进行多重比较。

2 结果与分析

2.1 不同施氮量对烤烟 K326 农艺性状的影响

由表 1 可以看出，不同施氮量处理对 K326 烤烟的农艺性状有显著影响，即株高、叶片数、最大叶长、最大叶宽和最大叶面积均表现为施氮量 195 kg/hm² 处理 > 施氮量 180 kg/hm² 处理 > 施氮量 165 kg/hm² 处理 > 施氮量 150 kg/hm² 处理 > 施氮量 135 kg/hm² 处理。随施氮量的增加，株高、叶片数、最大叶长、最大叶宽和最大叶面积均呈逐渐增加的趋势。由此可见，提高施氮量能够起到明显的促进烟株生长作用，有利于烟株拔节，增加有效叶片数，有利于烟叶伸长和开片，从而增加叶面积。结合田间长势情况，施氮量过低，烟株出现脱肥现象，叶片落黄过快，甚至出现早衰，导致干物质积累不足；施氮量过高，烟株生长过旺，叶色浓绿难以落黄，甚至出现"黑暴烟"现象。综合来看，施氮量以 165 kg/hm² 较为适宜。

表 1   不同施氮量处理烤烟 K326 圆顶期农艺性状

施氮量 /（kg/hm²）	株高 /cm	叶片数 / 片	最大叶长 /cm	最大叶宽 /cm	最大叶面积 /cm²
135	110.90bA	18.43bB	68.52cB	27.70bA	1 204.28bB
150	111.17bA	18.46bB	70.12bcB	28.09abA	1 249.76bB
165	113.36abA	18.55bAB	71.70bB	28.11abA	1 278.83bAB
180	115.99aA	18.60bAB	72.75abAB	28.69abA	1 324.33bAB
195	116.97aA	18.78aA	76.88aA	29.61aA	1 444.39aA

注：同列数据后不同小写字母表示差异显著（$P<0.05$），不同大写字母表示差异极显著（$P<0.01$）。

2.2   不同施氮量对烤烟 K326 经济指标的影响

由表 2 可以看出，不同施氮量处理之间的产量、产值、均价、上等烟比例和上中等烟比例均存在不同程度的差异，其中产量以施氮量 195 kg/hm² 处理最高，产值以施氮量 180 kg/hm² 处理最高，均价和上等烟比例均以施氮量 165 kg/hm² 处理最高，上中等烟比例以施氮量 135 kg/hm² 处理最高。随着施氮量的增加，烤烟 K326 产量呈逐渐上升趋势，上中等烟比例呈逐渐下降趋势，产值、均价及上等烟比例均呈先上升后下降趋势。由此可见，施氮量偏低，烟叶产量、产值、均价和上等烟比例均较低；施氮量偏高，虽然产量较高，但产值、均价和上等烟比例均有所降低。综合来看，以施氮量 165 kg/hm² 处理的经济性状较高。

表 2   不同施氮量处理烤烟 K326 经济指标

施氮量 /（kg/hm²）	产量 /（kg/hm²）	产值 /（元/hm²）	均价 /（元/kg）	上等烟比例 /%	上中等烟比例 /%
135	1 757.18 cB	40 306.41 bB	22.94 aA	40.29 bB	87.49 aA
150	1 864.43 bcB	42 938.42 bAB	23.03 aA	41.65 abAB	86.26 abA
165	1 960.28 bAB	45 406.20 abAB	23.16 aA	43.71 aA	84.15 bAB
180	2 019.08 abAB	46 024.20 aAB	22.79 aA	42.16 aAB	83.82 bAB
195	2 073.23 aA	45 672.34 aA	22.03 bB	40.26 bB	80.74 cB

注：同列数据后不同小写字母表示差异显著（$P<0.05$），不同大写字母表示差异极显著（$P<0.01$）。

2.3   不同施氮量对 K326 烟叶外观质量的影响

由表 3 可以看出，中部叶外观质量表现：随施氮量的增加，烟叶颜色、成熟度和身份的得分先增加后减少，组织结构得分逐渐减少，油分和色度得分逐渐增加，外观质量综合得分以施氮量 165 kg/hm² 处理最高，并显著高于施氮量 195 kg/hm² 处理、极显著高于施氮量 135 kg/hm² 处理，但施氮量 150 kg/hm²、165 kg/hm²、180 kg/hm² 处理之间差异不显著。由此说明，施氮量对 K326 中部叶外观质量有一定影响，施氮量过低会造成其颜色偏浅，身份偏薄，油分较少；施氮量过高会导致成熟度偏低、身份偏厚、结构偏硬。上部叶外观质量表现：随施氮量的增加，烟叶颜色、身份的得分呈减少趋势，成熟度、组织结构、油分和色度得分先增加后减少。各处理综合得分存在差异，表现为施氮量 150 kg/hm² 处理 > 施氮量 165 kg/hm² 处理 > 施氮量 135 kg/hm² 处理 > 施氮量 180 kg/hm² 处理 > 施氮量 195 kg/hm² 处理。由此说明，施氮量对 K326 上部叶外观质量有明显影响，施氮量偏低上部烟叶颜色鲜亮、组织结构较好，施氮量偏高会造成上部叶难以落黄成熟，物质转化不充分，身份偏厚，结构僵硬。综合中、上部烟叶的整体情况来看，以施氮量 165 kg/hm² 处理的外观质量较好。

表 3　不同施氮量处理 K326 烟叶外观质量评分

部位	施氮量/(kg/hm²)	颜色	成熟度	组织结构	身份	油分	色度	综合得分
中部	135	7.9	8.2	8.4	7.7	5.4	5.1	7.55 bB
	150	8.3	8.5	8.4	8.1	5.8	5.5	7.87 abAB
	165	8.5	8.7	8.3	8.3	6.2	5.7	8.04 aA
	180	8.5	8.4	8.1	7.8	6.3	5.8	7.90 abAB
	195	8.4	8.1	7.8	7.4	6.4	5.8	7.71 bAB
上部	135	8.5	7.8	5.5	6.4	5.8	6.2	7.17 abAB
	150	8.5	8.1	5.7	6.3	6.1	6.5	7.32 aA
	165	8.4	8.0	5.5	5.9	6.2	6.6	7.20 abAB
	180	8.3	7.2	5.2	5.7	6.1	6.3	6.87 bcAB
	195	8.2	7.1	4.8	5.2	5.9	6.2	6.67 cB

注：同列数据后不同小写字母表示差异显著（$P < 0.05$），不同大写字母表示差异极显著（$P < 0.01$）。

2.4　不同施氮量对 K326 烟叶化学成分的影响

由表 4 可以看出，中部叶化学成分表现：随着施氮量的增加，总糖、还原糖、糖碱比和钾氯比呈逐渐降低的趋势，总植物碱和总氮呈逐渐升高的趋势，钾含量、氯含量、氮碱比和还原糖与总糖比变化幅度不大，基本趋于稳定。上部叶化学成分随施氮量的增加，所表现的变化规律除钾氯比与中部叶不同外，其他指标的变化规律基本与中部叶一致。可见，施氮量偏低，虽然烟叶的糖含量较高，但会导致烟叶总植物碱和总氮含量偏低，淀粉含量偏高；施氮量偏高，不仅导致烟叶糖含量偏低，而且造成烟叶总植物碱和总氮含量偏高；施氮量为中等水平（165 kg/hm²）时，烟叶的化学成分含量较适宜，协调性较好。

表 4 不同施氮量处理 K326 烟叶化学成分

部位	施氮量/(kg/hm²)	总糖/%	还原糖/%	总植物碱/%	总氮/%	钾/%	氯/%	淀粉/%	糖碱比	氮碱比	还原糖与总糖比	钾氯比
中部	135	30.34	24.52	2.43	1.67	2.35	0.21	6.42	10.09	0.69	0.81	11.19
	150	28.43	23.08	2.60	1.77	2.42	0.26	5.62	8.88	0.68	0.81	9.31
	165	27.66	21.97	2.90	1.85	2.32	0.25	6.23	7.58	0.64	0.79	9.28
	180	26.63	21.33	3.08	1.94	2.19	0.26	5.98	6.93	0.63	0.80	8.42
	195	25.02	20.71	3.16	2.08	2.32	0.35	5.12	6.55	0.66	0.83	6.63
上部	135	23.25	19.66	3.85	2.07	1.86	0.35	7.30	5.11	0.54	0.85	5.31
	150	22.58	19.31	4.06	2.18	1.85	0.37	7.44	4.76	0.54	0.86	5.00
	165	20.93	18.14	4.21	2.27	1.89	0.36	6.86	4.31	0.54	0.87	5.25
	180	19.25	16.55	4.47	2.35	1.92	0.32	6.51	3.70	0.53	0.86	6.00
	195	18.07	15.41	4.65	2.48	1.96	0.39	5.76	3.31	0.53	0.85	5.03

2.5 不同施氮量对 K326 烟叶感官质量的影响

由表 5 可以看出，K326 中部叶的感官质量评价结果：施氮量 180 kg/hm² 处理的香气量、杂气、刺激性、透发性、柔细度和余味评分均最高；施氮量 165 kg/hm² 处理的香气质、甜度、浓度和劲头的评分均最高；综合得分以施氮量 180 kg/hm² 处理最高。上部叶的感官质量评价结果：施氮量 150 kg/hm² 处理的香气质、杂气、刺激性、透发性、柔细度和余味的评分均最高；施氮量 165 kg/hm² 处理的香气量、甜度、浓度和劲头的评分均最高；综合得分以施氮量 150 kg/hm² 处理最高。综合中、上部叶的总体情况来看，施氮量 165 kg/hm² 处理的感官质量评价质量较高。

表 5 不同施氮量处理 K326 烟叶感官质量评分

部位	施氮量/(kg/hm²)	香气质	香气量	杂气	刺激性	透发性	柔细度	甜度	余味	浓度	劲头	综合得分
中部	135	5.28	5.44	5.36	5.68	5.38	5.50	5.35	5.40	5.54	5.50	60.16 bA
	150	5.48	5.50	5.53	5.70	5.48	5.58	5.49	5.49	5.60	5.50	61.38 abA
	165	5.69	5.69	5.51	5.78	5.56	5.71	5.64	5.60	5.86	5.86	63.04 aA
	180	5.61	5.71	5.62	5.81	5.66	5.73	5.58	5.71	5.67	5.61	63.19 aA
	195	5.53	5.63	5.57	5.74	5.59	5.57	5.53	5.60	5.81	5.70	62.29 abA

续表

部位	施氮量/ (kg/hm²)	评分										综合得分
		香气质	香气量	杂气	刺激性	透发性	柔细度	甜度	余味	浓度	劲头	
上部	135	5.35	5.44	5.34	5.45	5.39	5.39	5.29	5.33	5.70	5.88	59.86 abA
	150	5.46	5.50	5.43	5.53	5.50	5.51	5.37	5.50	5.96	6.16	60.96 aA
	165	5.36	5.53	5.39	5.47	5.43	5.39	5.44	5.37	6.02	6.20	60.35 abA
	180	5.31	5.44	5.35	5.39	5.40	5.43	5.30	5.34	5.73	5.88	59.65 abA
	195	5.15	5.21	5.15	5.36	5.25	5.28	5.18	5.19	5.66	5.95	57.84 bA

注：同列数据后不同小写字母表示差异显著（$P<0.05$），不同大写字母表示差异极显著（$P<0.01$）。

3　结论与讨论

本试验结果表明，施氮量在 135～195 kg/hm² 范围内，烤烟 K326 的株高、叶片数、最大叶长、最大叶宽和最大叶面积均随施氮量的增加而增加，提高施氮量对烤烟生长具有明显的促进作用，有利于烟叶干物质的积累，这与王毅等[8]、齐永杰等[9] 的研究结果一致。有研究指出，烤烟株高和叶片数并未随施氮量的增加而增加[10]。本研究结果与之不同的原因，可能与贺州市烟区肥料流失情况有关。贺州市烟区属于南方多雨地区，降水量偏多，且多集中在烤烟旺长期和采烤期。过多的降雨导致烟田肥料流失严重，从而影响烤烟的生长发育。在本试验条件下，随着施氮量的增加，烟叶产量逐渐增加，上中等烟比例逐渐降低，烟叶产值、均价及上等烟比例均呈先升高后降低的趋势，增加施氮量能提高烟叶产量，但施氮量过高时，烟叶产值、均价及上等烟比例反而会下降，这与魏心元等[11]、郭春燕等[12] 的研究结果相同。张建忠等[13] 指出，随着施氮量的增加，烟叶均价和产值呈逐渐增加的趋势。本研究结果与之不同的原因，可能与不同烤烟品种的烘烤特性有关。烤烟 K326 的烘烤难度较大，施氮量偏高时，上部叶容易挂灰，从而影响烟叶等级，进而影响其经济效益。

本研究结果表明，施氮量偏低会导致中部叶颜色偏浅，身份偏薄，油分偏少；施氮量偏高会导致上部叶颜色偏暗，成熟度偏低，身份偏厚，结构僵硬，这与顾会战等[14] 的研究结果基本吻合。朱金峰等[15] 指出，施氮量对烟叶成熟度、颜色和组织结构均无明显影响。本研究结果与之不同的原因，可能与不同品种的外观特征有关。一般来说，相对于云系品种，K326 烟叶的颜色较深，身份稍厚，内含物质较充实，因而其外观质量有所不同。

本试验中，随施氮量的增加，烟叶总糖、还原糖含量及糖碱比逐渐降低，总植物碱和总氮含量逐渐升高，钾、氯含量及氮碱比、还原糖与总糖比变化幅度不大，基本趋于稳定，这与谢廷鑫等[16]、袁秀秀等[17]、吴薇等[18]的研究结果基本相同。林翠丽等[19]指出，随着施氮量的增加，烟叶总糖和还原糖含量呈先升高后降低的趋势。本研究结果与之不同的原因，可能与不同烤烟品种对氮素的敏感程度不同有关。烤烟 K326 对氮素的利用率较高，但对氮素的耐受性较差，稍微增加施氮量就会造成烟株生长过旺，甚至产生"黑暴烟"现象，影响烟叶落黄，从而影响其物质的代谢和转化，进而影响其化学成分。

本试验结果表明，施氮量过低或过高均对烟叶的感官质量产生不利影响，施氮量为中等水平（165 kg/hm^2）时烟叶的感官质量较好，这与尹东等[20]的研究结果基本一致。有研究指出，随着施氮量的增加，烟叶的感官质量呈下降趋势[21]。本研究结果与之不同的原因，可能与不同产区烟叶的风格特征有关。贺州市烤烟属于东南烟区典型的浓香型风格，烟气浓度较足，香气状态较沉溢，焦甜香韵较明显。施氮量过低会造成贺州市烤烟浓香型风格不突出，而施氮量过高又会造成烟叶刺激性大、杂气重等问题，适宜的施氮量既能彰显贺州市烤烟浓香型风格特色，又能避免感官质量出现缺陷。

参考文献

[1] 潘金华，王美艳，孙维侠，等. 新型促硝氮有机肥提升滇中烤烟品质的研究 [J]. 江苏农业科学，2022，50（4）：78-83.

[2] 王新月，肖汉乾，邓小华，等. 追肥氮量对稻茬烤烟生长和养分积累的影响 [J]. 湖南农业大学学报（自然科学版），2021，47（2）：153-160.

[3] 魏光华，杨鹏，白金莹，等. 不同施氮量下烟叶的主脉特征和烘烤特性及其关系研究 [J]. 南方农业学报，2021，52（2）：356-364.

[4] 张海伟，何宽信，叶为民，等. 多雨烟区烤烟氮肥优化施用的减氮效应及对烤烟产质量的影响 [J]. 中国土壤与肥料，2018（3）：36-41.

[5] 龚林，倪霞，代惠娟，等. 基于连续三年定点试验的烤烟施肥技术研究 [J]. 西南农业学报，2022，35（3）：669-677.

[6] 何仲秋，王晓琳，张启明，等. 东南烟稻轮作区烤烟临界氮浓度稀释曲线的建立与验证 [J]. 植物营养与肥料学报，2021，27（11）：2001-2009.

[7] 杨丽平，赵翠，敖金成，等. 不同施氮量对烤烟新品种云烟生长发育及品质的影响 [J]. 湖南农业科学，2017（1）：37-40.

[8] 王毅，戴勋，刘彦中，等. 施氮量对烤烟云烟85生长发育及产量的效应 [J]. 湖北农业科学，2007，46（6）：913-914.

[9] 齐永杰，首安发，胡建斌，等. 不同施氮量对烤烟生长发育及品质的影响 [J]. 广西农业科学，

2009, 40 (11): 1457-1460.

[10] 杨学书, 李佛琳, 韩伟, 等. 施氮量对烤烟云烟87生长和产质量的影响[J]. 安徽农业科学, 2010, 38 (33): 18810-18811.

[11] 魏心元, 熊晶, 张崇玉, 等. 不同施氮量对烤烟红花大金元品质和经济效益的影响[J]. 贵州农业科学, 2010, 38 (4): 69-71.

[12] 郭春燕, 代晓燕, 刘国顺, 等. 施氮量和留叶数对豫西地区云烟87产量和品质的影响[J]. 河南农业科学, 2012, 4 (9): 53-58.

[13] 张建忠, 叶想青, 李文卿, 等. 施氮量对翠碧1号生长发育及烟叶质量风格的影响[J]. 中国烟草科学, 2011, 32 (5): 63-67.

[14] 顾会战, 曾孝敏, 张启莉, 等. 施氮量对烤烟新品种09011生长发育及品质的影响[J]. 贵州农业科学, 2018, 46 (1): 58-60.

[15] 朱金峰, 贾健, 宋贺鹏, 等. 不同施氮量对烤烟品种品质性状的影响[J]. 现代农业科技, 2015, (19): 14-16.

[16] 谢廷鑫, 占朝琳, 练烨晶, 等. 不同施氮量对烤烟K326生长发育及品质的影响[J]. 江西农业学报, 2011, 23 (9): 18-20.

[17] 袁秀秀, 冯银龙, 李春光, 等. 施氮量对烤烟常规化学成分含量及主流烟气中7种有害成分释放量的影响[J]. 中国烟草学报, 2017, 23 (2): 37-41.

[18] 吴薇, 韩相龙, 郑璞帆, 等. 移栽方式与施氮量对烤烟生长发育和产质量的影响[J]. 植物营养与肥料学报, 2018, 24 (2): 535-543.

[19] 林翠丽, 张跃王, 高卫红, 等. 不同施氮量对烤烟产质量的影响[J]. 新农业, 2019 (3): 7-9.

[20] 尹冬, 张勇江, 李纪宁, 等. 施氮量对烤烟生长发育及产质量形成的影响[J]. 安徽农业科学, 2015, 43 (16): 120-123.

[21] 刁朝强, 卢鹏宇, 周建云, 等. 施氮量对烤烟贵烟2号产质量的影响[J]. 现代农业科技, 2020 (14): 5-6.

精细化烘烤技术在 K326 品种中部烟叶烘烤中的应用

王俊锋，韦忠，岑章斌，罗刚，胡国和，周文亮，曹利军，
农世英，顾云峰，宋战锋*

（广西壮族自治区烟草公司百色市公司；*.通信作者）

摘要：K326 品种烤后烟叶颜色橘黄，色泽饱满，油分多，烟气浓，香气足，深受卷烟工业的喜爱，能彰显一个烟区烤烟质量风格特色，K326 品种感官质量表现佳，但上部叶易挂灰，可在水肥条件较好的区域种植。该品种在烘烤过程中运用常规烘烤技术难控制烟叶烘烤质量，如果中部叶在烘烤过程采取措施不当，易产生夹心、糟片等现象。本文立足百色烟区烟叶生产实际，在 K326 品种中部烟叶烘烤过程中，充分运用烤烟精细化技术，分别在凌云、靖西产区的 3 个烘烤点的中部偏下部位、中部及中部偏上等中部烟叶进行全面的跟踪烘烤，并在每炕次随机选取 5 夹烟叶挂置在烤房中间棚、中后区进行烘烤数据采集，以附近 1 座烤房作为对照，与烟农自烤的烤烟质量进行比较。结果表明，采用精细化烘烤技术在 K326 品种中部烟叶的烘烤过程中能明显提高烘烤成功率、提升烤后烟叶外观质量和上等烟比例，尤其能解决夹内烟叶烤不透、易烤糟、蒸片等问题。

关键词：烤烟；K326 品种；中部烟叶；精细化烘烤技术

密集烤房采用强制通风、热风循环、温湿度自动控制，实现烟叶烘烤提质增效，符合现代烟草农业发展方向[1-2]。近年来，百色烟区推广使用梳式烟夹烘烤，经过多年

的实践，使用梳式烟夹夹烟量偏多、烟叶摆放不合理、装烟量偏多、夹与夹间距过密，加之烘烤工艺不规范、操作不灵活，导致烤后烟叶油分减少、香气不足、结构僵硬、等级结构较低和烟叶烘烤损失率较高等问题，烟叶烘烤质量未能达到卷烟工业配方质量需求，既不适用密集烤房的技术，也不符合密集烘烤的推广初衷[3]。为有效解决当前烟叶烘烤过程中存在的上述问题，提高 K326 品种中部烟叶烘烤质量，笔者从采后烟叶素质判断、合理夹烟、合理装炉、规范烘烤工艺等环节，采取精细化烘烤技术在烟叶烘烤过程中进行管理和调控，以期为解决 K326 品种中部烟叶在烘烤中存在的问题提供依据。

1　材料与方法

1.1　试验材料

试验在广西靖西市新靖镇小晚烘烤点、凌云县泗城镇下甲烘烤点开展。3 个烘烤点的烤房均为气流下降式密集烤房，烤房建造标准及设备一致，风机均为三厢电风机。

1.2　试验方法

1.2.1　采后烟叶素质管控

由表 1 可看出，中部偏下部位的烟叶含水量偏大、中部烟叶含水量适中、中部偏上部位的烟叶含水量偏少，中部偏下部位采后烟叶中的过熟烟叶较多，约为 9.68%，多为下部二棚烟叶，中部偏上部位采后烟叶中的欠熟烟叶较多，约为 11.41%，多为上部二棚烟叶。

表 1　K326 品种 3 个不同部位的中部烟叶采后情况

地点	部位	成熟烟叶比例 /%	过熟叶数 / 片	欠熟叶数 / 片	适熟叶数 / 片	单叶重 /g	烟叶含水量
凌云下甲	中部	86.86	7	6	86	82.6	适中
靖西小晚 1	中部偏下	88.39	15	3	137	74.3	稍偏大
靖西小晚 2	中部偏上	85.91	4	17	128	78.8	偏少
对照	中部	78.20	13	16	104	83.1	适中

1.2.2　梳式烟夹夹烟量管控

根据烤烟精细化烘烤技术要求，梳式烟夹夹烟量控制在 13～14 kg（净重）。由表 2 可看出，靖西小晚 1、靖西小晚 2 的单夹夹烟平均重量超过 14 kg，其中靖西小晚 1 的平均单夹重超出标准要求 0.2 kg，靖西小晚 2 的平均单夹重超出标准要求 0.58 kg。

表 2　K326 品种 3 个不同部位的中部烟叶梳式烟夹夹烟量的情况

地点	部位	夹烟量/kg					
		夹 1	夹 2	夹 3	夹 4	夹 5	均值
凌云下甲	中部	13.5	12.8	13.1	14.3	13.6	13.46
靖西小晚 1	中部偏下	14.5	14.7	13.9	13.5	14.4	14.20
靖西小晚 2	中部偏上	14.9	13.8	15.2	14.4	14.6	14.58
平均值	中部	14.3	13.8	14.1	14.1	14.2	14.08
对照	中部	14.8	15.3	13.9	14.7	15.5	14.84

1.2.3　气流下降式密集烤房装烟量管控

根据烤烟精细化烘烤技术要求，采取梳式烟夹夹烟的，装烟总量以控制在 3 500～4 500 kg 为宜。由表 3 可看出，靖西小晚 1、靖西小晚 2 的单夹夹烟平均重量超过 14 kg，其中靖西小晚 1 的平均单夹重超出标准要求 0.2 kg，靖西的平均单夹重超出标准要求 0.58 kg，但装烟总重量仍在控制范围内；烤房内，自控仪传感器的位置放置符合要求，自控仪器运行正常。

表 3　K326 品种不同部位的中部装烟量情况

地点	部位	平均单夹重量/kg	总夹数	总重量/kg	自控仪位置	自控仪状态
凌云下甲	中部	13.46	283	3 809	适合	正常
靖西小晚 1	中部偏下	14.20	294	4 175	适合	正常
靖西小晚 2	中部偏上	14.58	306	4 462	适合	正常
平均值	中部	14.08	294	4 149	适合	正常
对照	中部	14.84	310	4 600	适合	正常

1.2.4　烘烤工艺及过程控制

以上情况中的烟叶都以中部烟叶为主，其中靖西小晚 1 炉烟叶中部偏下、靖西小晚 2 炉烟叶中部偏上，整体来看，采取的烘烤工艺也是中部烟叶烘烤工艺，具体烘烤工艺曲线设置见表 4、表 5、表 6。

表 4　凌云下甲精细化烘烤工艺曲线设置

干球/℃	湿球/℃	稳温时间/h	升温时间/h
33	32.0	1	
36	35.0	6	3
38	36.0	16	4
40	34.0～34.5	8	4

续表

干球 /℃	湿球 /℃	稳温时间 /h	升温时间 /h
42	34.0	18	4
44	35.0	8	4
47	36.0	16	6
50	38.0	6	6
54	39.0	12	8
67	41.0	28	13

表5 靖西小晚1精细化烘烤工艺曲线设置

干球 /℃	湿球 /℃	稳温时间 /h	升温时间 /h
33	32.0	1	
36	35.0	6	3
38	34.5～35.0	12	4
40	34.0～34.5	8	4
42	34.0	16	4
44	34.0	8	4
47	36.0	16	6
50	38.0	6	6
54	39.0	12	8
67	41.0	28	13

表6 靖西小晚2精细化烘烤工艺曲线设置

干球 /℃	湿球 /℃	稳温时间 /h	升温时间 /h
33	32.0	1	
36	35.0	6	3
38	35.5～36.0	18	4
40	35.0～35.5	12	4
42	34.5～35.0	12	4
44	34.5	10	4
47	35.0	16	6
50	37.0	10	6
54	38.5	16	8
67	41.0	32	13

2 结果与分析

2.1 精细化烘烤技术与常规烘烤工艺在K326品种烟叶烘烤后的质量效果对比

对3个烘烤点中部偏下部位、中部及中部偏上等中部烟叶进行全面的跟踪烘烤，烘烤结束后，分别从烤房内随机选取5夹烟叶挂置在烤房中间棚、中后区进行烘烤数据采集，数值取平均值。由表7可知，通过精细化烘烤技术的应用，3个试验中K326品种中部叶位的上等烟比例、中上等烟比例和单叶重均比对照有明显提高，其中平均单叶重增加了1.64 g，上等烟比例增加了9.43个百分点，中上等烟比例增加了0.58个百分点。试验结果表明，与常规的烘烤技术及烘烤工艺对比，采取精细化烤烟烘烤技术烘烤的K326品种的中部烟叶，烤后烟叶不仅单叶重、上等烟比例、中上等烟比例有明显的提高，同时烟叶外观质量也有明显的提高，尤其是采用精细化烘烤技术，解决了夹内烟叶烤不透、易烤糟、蒸片等影响烟叶质量问题[4-5]。

表7 精细化烘烤技术针对K326品种烟叶烘烤的质量对比情况

地点	部位	单叶重/g	单夹净重/kg	上等烟比例/%	中上等烟比例/%	鲜干比值	是否夹心
凌云下甲	中部	11.60	2.27	85.70	98.87	7.10	否
靖西小晚1	中部偏下	9.80	1.88	79.50	97.30	7.60	稍微
靖西小晚2	中部偏上	14.10	2.64	83.40	98.10	5.60	否
平均值	中部叶	11.84	2.26	82.87	98.09	6.77	否
对照	中部叶	10.20	2.03	73.44	97.51	7.67	是

2.2 精细化烘烤技术与常规烘烤工艺对烘烤K326品种中部烟叶的质量及工艺分析

2.2.1 精细化烘烤工艺在K326品种中部叶烘烤过程中的应用及质量分析

采用精细化烘烤技术烘烤过程中，在变黄的中后期逐渐降低湿球开始排湿，直至42℃干球时，湿球温度降低至34℃，保证底棚烟叶达九至十成黄，充分失水塌架。同时，为了保证底棚烟叶变黄至九至十成黄，充分失水塌架，又增设44℃作为进入定色阶段过渡稳温点，稳温时间为8~10 h。变黄阶段时间为58~60 h（42℃前），定色阶段时间为66 h，干筋阶段时间为43 h，总时间约为169 h，烤后烟叶外观颜色多橘黄，叶片颗粒感明显，色泽饱满，油分多，香气足，且夹内烟叶无夹心、无糟片、无蒸片等现象。

2.2.2 常规烘烤工艺在K326品种中部叶烘烤过程中的应用及质量分析

采用常规烘烤技术烘烤过程中，在变黄期基本采用提高干球温度来排湿，直至42℃的干球时，湿球温度保持在36℃，变黄阶段约为75 h，定色阶段时间为70 h，干筋阶段时间为50 h，总时间约为195 h。从变黄期时间来看，变黄时间过易使夹内烟叶内在物质过度消耗[6]，加之，湿球温度偏高，烟叶变黄快，但失水比较慢，导致烤后烟叶外观颜色偏淡，叶片颗粒感不明显，油分有至偏少，香气不足，单叶重较轻，且夹内烟叶夹心、糟片、蒸片等现象。

3 结论与讨论

正常情况下，中部烟叶的素质比较好，变黄速度和失水速度基本同步，但根据K326品种烟叶的烘烤特性，变黄速度稍快，而失水速度较慢。因此，在烘烤过程中，在达到烟叶采收成熟比例、夹烟量、装烟量等要求的情况下，要运用精细化烘烤技术，变黄中后期和定色前期就要开始排湿，逐步降低湿球温度，边变黄、边排湿，必要时在40℃中期、后期就要加大排湿力度，采取高、低档循环风机交替使用，确保烟叶变黄、失水状态达到目标要求，顺利进入42℃，如在42℃即将结束时，底棚烟叶失水状态未达到目标要求，可增设44℃，稳温8～12 h，使底棚烟叶失水状态达到目标要求后，再进入定色阶段。试验结果表明，烘烤过程采取精细化烘烤技术，促进烟叶内含物质的转化并更加协调，提高烟叶烘烤质量，不仅能将中部烟叶烤得更好，上等烟比例更高，内在物质转化更为合理，还能明显提升下部烟叶和上部烘烤较差烟叶的烤后质量等级，同时，还能解决烘烤过程中烟夹内烟叶夹心、糟片、蒸片等问题。

参考文献

[1] 方明，王生才，王玉帅，等. 特色烤烟品种筛选及配套栽培技术研究 [J]. 现代农业科技，2014（22）：27-29.

[2] 宫长荣，陈江华，吴洪田. 密集烤房 [M]. 北京：科学出版社，2010.

[3] 王卫峰，陈江华，宋朝鹏，等. 密集烤房的研究进展 [J]. 中国烟草科学，2005（3）：15-17.

[4] 王俊锋，宋战锋，罗刚，等. 烤烟精细化密集烘烤技术体系的应用效果研究 [J]. 现代农业科技，2019（20）：233-234.

[5] 徐成龙，贺帆，周琳，等. 专业化烘烤烤烟设备与工艺转变研究进展 [J]. 浙江农业科学，2011（3）：5.

[6] 单文坡，曹文华. 烤烟烟叶成熟度与烟叶品质的关系研究进展 [J]. 现代农业科技，2017（14）：264.